认识
碳中和

贾明◎主编
罗婧璇　宁嘉琪　郑慧瑾◎副主编

清华大学出版社
北京

图书在版编目（CIP）数据

认识碳中和 / 贾明主编. -- 北京 ：清华大学出版社，2025. 6.

ISBN 978-7-302-69254-6

Ⅰ . X511

中国国家版本馆 CIP 数据核字第 2025F21Y23 号

责任编辑：胡　月
封面设计：李召霞
责任校对：王荣静
责任印制：宋　林
出版发行：清华大学出版社
　　　　　网　　址：https://www.tup.com.cn，https://www.wqxuetang.com
　　　　　地　　址：北京清华大学学研大厦 A 座　邮　　编：100084
　　　　　社 总 机：010-83470000　　　　　邮　　购：010-62786544
　　　　　投稿与读者服务：010-62776969，c-service@tup.tsinghua.edu.cn
　　　　　质 量 反 馈：010-62772015，zhiliang@tup.tsinghua.edu.cn
印 装 者：涿州市般润文化传播有限公司
经　　销：全国新华书店
开　　本：148mm×210mm　　印张：5.25　　字　　数：124 千字
版　　次：2025 年 6 月第 1 版　　　　　印　　次：2025 年 6 月第 1 次印刷
定　　价：49.00 元

产品编号：103200-01

前言 PREFACE

　　2020 年 9 月 22 日，国家主席习近平在第七十五届联合国大会上提出："中国将提高国家自主贡献力度，采取更加有力的政策和措施，二氧化碳排放力争于 2030 年前达到峰值，努力争取 2060 年前实现碳中和。"这是我国政府面向世界作出的庄严承诺，体现了我国政府大力推进碳减排，迈向碳中和的坚定决心。

　　随着"双碳"目标的提出，全社会对于低碳发展的关注与日俱增。企业是碳排放的主体，只有搞懂了企业如何实现碳中和，才能更好地理解如何实现国家层面的碳中和。为了更好地推动低碳发展战略的落地，普及低碳绿色发展理念，让碳中和相关知识得到更好的推广，让大众更好地理解和掌握碳中和知识，我们需要更多有关这个领域的科普读物。

　　编写本书的灵感来源于一次我与儿子的对话。有一天，我问儿子："你知道爸爸最近在做什么吗？"儿子说："你不是研究碳中和嘛。"看来每天在家说的话，小朋友都是有印象的。我很好奇小孩子是如何理解碳中和的，就接着问他什么是"碳中和"。儿子说："碳中和就是节能减排。"一个五岁的孩子能够给出如此精简的定义，着实让人感叹。由此我萌生了一个想法，其实我们可以把深奥的碳中和知识普及到更广泛的人群中，特别是从小朋友开始，给他们普及低碳发展理念。这对于我们国家能够如期实现碳中和目标至关重要。

本书在编写时力求通俗易懂，总的指导思想是，一方面能够让没有背景知识的广大读者（包括小学生）理解本书内容，另一方面也能够为实践工作提供理论指导。鉴于此，我们采取了情景化的写作方式，用幸福岛上一家人的故事串起整本书的知识点，并且配合插图对知识点进行形象化的展示。我们也会根据本书创作一部动画片，普及碳中和相关的科学知识。

本书由我和三位研究生罗婧璇、郑慧瑾、宁嘉琪共同完成。其中，宁嘉琪负责第一、三章的编写和统稿，罗婧璇负责第四、六章的编写，郑慧瑾负责第二、五章的编写。在整个书稿的编写过程中，三位同学表现出极高的领悟力和执行力，能够很好地理解讨论的要点并按要求高质量完成工作。没有三位同学的付出，相信本书也只能是一个构想。

在创造本书人物造型的过程中，内蒙古二次方科技有限公司提供了专业的指导，并且完成了所有的插图绘制工作。在创作插画的过程中，我也多次征求儿子的意见，看看小朋友喜欢怎样的角色形象、故事场景、配色等，希望能够更好地符合小朋友的认知习惯。这些插图形象生动，对于形象化展现知识点有非常好的辅助作用。

本书既可以作为大众了解碳中和的科普读物，也可以作为企业工作者开展碳中和工作的参考书。同样，本书也适用于为高中生、大学低年级本科生开设的普及碳中和知识的通识类课程。另外，本书也可以作为课外读物和参考书。

由于编者知识水平和能力有限，书中难免存在一些差错和不足，敬请广大读者批评指正，以帮助我们不断完善。

贾明　于西安

2025 年 5 月

【全书背景设计】

幸福岛

【全书人物设计】

糖糖	糖糖妈妈	糖糖爸爸
幸福岛实验中学高中生	幸福岛气候学家	当乐食品厂经理

糖糖表哥　智慧岛上生态
环境学院大一学生

蔡经理　当乐食品厂
财务部负责人

小李　当乐食品厂可持续
发展部门代表

周院长
清洁能源研究院院长

小张　政府派来协助
工作的碳排放专员

小孙　钢铁集团
生产经理

钱总
智电能源经理

小赵　智电能源碳达峰
碳中和小组负责人

小高　智电能源碳达峰
碳中和小组成员

小楚　幸福岛碳市场
交易管理员

目 录 CONTENTS

第一章
背 景

　　大海中矗立着许许多多的小岛，"幸福岛"就是众多岛屿中的一个。

　　最初，幸福岛的环境非常适宜居住，这里绿树成荫，天朗气清。蔚蓝的海水里倒映着白云与远山，海鸥低飞掠过海面。许多动物都栖息在这里，快乐地生存与繁衍，如图 1-1 所示。

图 1-1　幸福岛

　　幸福岛上也生活着许多勤劳的居民，一直以来他们的愿望是将共同的家园建设得更加美好。在幸福岛居民的不懈努力下，岛上不仅出现了越来越多服务民生的企业，交通工具也越来越多样化。小岛经济发展迅速，人们的生活也更加舒适。冬日里居民们能够使用暖气取暖，夏天里能够吹着空调避暑，大家都觉得岛上的日子越来越幸福，如图 1-2 所示。

图 1-2　幸福岛上的幸福生活

但一些变化也在不知不觉中发生着。

知识点 01：温室效应

　　糖糖是"幸福岛实验中学"的一名高中生，在学校里他最喜欢的课程是生物课。课余时间里，比起"追剧"，他更喜欢看一些关于自然的纪录片，其中最喜欢的是《地球脉动》。这部纪录片拍摄了从南极到北极，从赤道到寒带，从非洲草原到热带雨林，再从荒凉峰顶到深邃大海的种种动物。每一帧画面都清晰美丽，带领观众领略奇妙自然世界。

　　今天是周六，糖糖完成了课程作业后，打开电脑看了一会儿《地球脉动》。视频画面中出现了一只北极熊，它体型消瘦，十分疲惫地趴在一小块儿浮冰上。此时糖糖的妈妈走了过来，站在身后一起看这部纪录片。糖糖转身向妈妈指了指画面里的北极熊，满脸心疼。

糖糖的妈妈是幸福岛上的一名气候学家，研究自然气候的她总会陪着糖糖做许多与自然环境有关的事，从小就培养糖糖的环境保护意识。

"北极熊在海洋里觅食的时候是需要海冰的。但是这些年因为北极冰层融化速度很快，北极熊'传统的觅食地区'受到破坏，不得不去更远的地方寻找食物，有时为了觅食甚至要在海里游100多千米。"妈妈说道，如图1-3所示。

图1-3　北极熊觅食离不开浮冰的帮助

"要游这么远啊！"

"对啊！如果北极熊在觅食的过程中如果找不到可以歇息的浮冰，就可能累死。糖糖知道北极冰层加速融化的原因吧？"

"温室效应！很多环境问题都是它导致的。"

"对。温室效应是非常严重的气候问题，那你能以你的理解给我讲一讲温室效应究竟是什么吗？"

"我看过的一些科普杂志里解释说，温室效应跟二氧化碳气体的排放有着直接关系。地球被大气层包围着，而二氧化碳气体具有吸热和隔热的功能，二氧化碳在大气中如果增多的话，就会形成一种无形的'玻璃罩'，从太阳到地球的热量将无法向外层空间发散，这就会使地球表面变热，宛如一个大暖房，进一步会导致冰川融化、海平面上升等一系列问题。所以二氧化碳这类会引起温室效应的气体就被称作温室气体。"温室气体作用机制如图1-4。

图1-4　温室气体作用机制

妈妈听了笑了笑，说道："你理解得很对。"

"要是没有温室效应就好了。"糖糖说。

"可不是这样的，"妈妈赶紧纠正，"如果没有正常的温室效应，地球就会冷得不适合我们居住。只是当二氧化碳等气体吸收了越来越多的地面散发的热量时，就像温室截留了更多热量，地球才变得越来越暖，引发了全球变暖问题。"

糖糖点了点头，"原来是这样啊"。

知识专栏

温室气体（greenhouse gas，GHG）

水蒸气（H_2O）、二氧化碳（CO_2）、氧化亚氮（N_2O）、氟利昂（CFC）、

甲烷（CH_4）等是地球大气中主要的温室气体。此外，大气中还有许多完全由人为因素产生的温室气体，如《蒙特利尔协议》所涉及的卤烃和其他含氯和含溴物。除 CO_2、N_2O 和 CH_4 外，《京都议定书》还将六氟化硫（SF_6）、氢氟碳化物（HFC）和全氟化碳（PFC）纳入温室气体。

知识专栏

二氧化碳当量

为统一度量温室气体整体产生的温室效应，需要一种能够衡量不同温室气体影响的量度单位。由于二氧化碳对地球增温的影响最大，因此，规定二氧化碳当量为度量温室效应的基本单位，用作比较不同温室气体排放的量度单位，如图 1-5 所示。例如，甲烷相对于二氧化碳的全球变暖影响值为 25，意味着 1 吨甲烷在 100 年内对于全球变暖的影响是 1 吨二氧化碳所带来影响的 25 倍。

图 1-5　二氧化碳当量示意图

知识点 02：碳循环

提起二氧化碳，糖糖突然想起曾经在生物课本上学到的碳循环，但他已经不记得具体是怎样进行这个过程的了，于是他问妈妈："妈妈，二氧化碳是不是和碳循环有关呢？您能给我讲讲碳循环吗？"

"好啊，其实碳循环并不难理解，我用通俗一些的语言给你讲讲。我们总能在小岛上看见许多小动物活跃在各个地方，对吧？其实活跃在小岛上的不仅是小动物，碳元素也正在大气圈、水圈与生物圈之间往返。"妈妈停下来指了指窗外的绿树继续说道："糖糖在生物和化学课堂上肯定学过植物的呼吸作用和光合作用吧？我们人类以及各种动物的呼吸，还有生产生活过程中进行的燃烧等都会产生二氧化碳，这时碳元素就释放到大气中了。但地球上的碳可不能没有上限地被排放出来，藻类和绿色植物此时就变得十分重要，它们能够通过光合作用吸收掉这些二氧化碳。这样一来一去，碳元素就能在循环中维持平衡。在没有受到破坏之前，大气中二氧化碳的含量是十分稳定的。"碳循环示意图如图 1-6 所示。

图 1-6　碳循环示意图

"我们人类在发展过程中破坏了碳循环的稳定，对吗？"

"对，在人类社会发展过程中，我们忽视了其对生态环境的影响。

比如，经常提到的乱砍滥伐，就会导致树木锐减，森林能够吸收的二氧化碳就减少了。实际上，不只是过度伐木会导致植被减少，很多森林被毁，建成了城市和工厂也会破坏生态环境。事物是具有两面性的，虽然城市化带来了很多益处，但不得不承认，这是以牺牲环境为代价的。这些是糖糖能亲眼看到的，还有一些是在潜移默化中发生的，虽然你可能很难感受到，但妈妈和同事们通过数据记录都能发现变化。比如，地球表面的水域面积在逐渐缩小，降雨量也在减少，这就使得海洋、湖泊吸收溶解二氧化碳的能力减弱了。更糟糕的是，地球吸收或转化二氧化碳的能力在下降的同时，人们生产生活产生的二氧化碳却远远超过了过去的水平。这些就破坏了二氧化碳生成与吸收的动态平衡，使得大气中的二氧化碳含量逐年增加。"森林越来越少，工厂越来越多，二氧化碳平衡被打破，如图1-7所示。

图1-7 二氧化碳平衡被打破

"就是这样一步一步导致温室效应的。"糖糖一边听，一边思考。"那么，我们现在应该做的是控制二氧化碳的排放！"

知识专栏

碳 循 环

碳循环，是指碳元素在地球的生物圈、岩石圈、水圈及大气圈中交换，并随地球的运动循环不止的现象。生物圈中的碳循环主要表现在绿色植物从大气中吸收二氧化碳，在水的参与下经光合作用转化为葡萄糖并释放出氧气，有机体（具有生命的个体的统称，包括植物和动物）再利用葡萄糖合成其他有机化合物。有机化合物经食物链传递，又成为动物和细菌等其他生物体的一部分。生物体内的碳水化合物一部分作为有机体代谢的能源，经呼吸作用被氧化为二氧化碳和水，并释放出储存的能量。

碳循环过程中，大气中的二氧化碳大约20年可完全更新一次。一旦碳循环过程被打破，如碳元素的排放增多但地球的吸收能力减弱，会导致碳循环被破坏，而二氧化碳含量不断增加。

知识点 03：人类活动与气候变化

糖糖在和妈妈聊了温室效应和碳循环的相关知识之后，更加关注环境问题了。这天，幸福岛的最高气温有38℃。糖糖放学回家觉得实在是太热了，便从冰箱里拿出一个冰激凌来吃。妈妈看到后，告诉糖糖少吃点冰激凌，对胃不好。

糖糖一边吃一边说："妈妈，我觉得夏天的温度越来越高了。如果不是因为温室效应，我也不会老想吃冰激凌。"

妈妈笑着摇了摇头。"都赖到温室效应身上了，是吧？不过你因为天气热想吃冰激凌，对身体一点儿好处都没有，这也算是温室效应给我们带来的间接影响吧。实际上温室效应带来的危害可不小呢。"

"我记得前两天看新闻报道说，随着温度的升高，我们小岛四周的海水也在逐渐增多，海平面在一点点上升，那我们'幸福岛'是不是面临很大危险？"

"是的，如果放任不管，我们的小岛总有一天会被淹没。不只是海平面上升，冬天出门的时候糖糖戴防雾霾的口罩也会觉得很闷，而且雾霾吸入肺部对身体是有坏处的。其实雾霾的聚集也受到了温室效应的影响。陆地温度升高后，和海洋温度之间的差异变小，进而造成了空气流动减慢，雾霾就没有办法在短时间内被吹散，像我们幸福岛就属于冬天雾霾问题比较严重的岛屿。所以温室效应对我们人类生存的影响是多方面的。"

"老师说雾霾对我们的健康影响很大，原来温室效应也是产生雾霾的因素啊。"

"对，温室效应引起的这种变暖现象其实属于气候变化的表现。科研人员在观察记录了很长一段时间后，发现温室效应是由我们人类活动影响导致的气候变化。"

"那既然是由我们人类造成的，就应该由我们来想办法解决。现在我们提倡低碳生活，就是解决的办法之一，对吧？我发现我上学经常坐的 23 路公交车都换成电动汽车了呢!"

"是啊！燃油汽车在使用过程中因燃烧大量的汽油、柴油而产生二氧化碳。相比而言电动车更加低碳环保呀。当然不只汽车，我们平常用的电大多是火力发电产生的，这个过程也会排放大量二氧化碳。"事实上，自然环境吸收碳的速度已远远赶不上人类活动产生碳的速度，如图 1-8 所示。

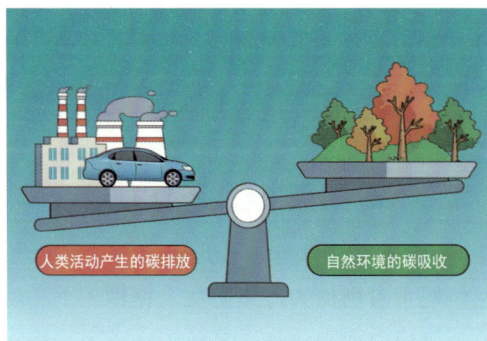

图 1-8　碳吸收与碳排放对比

"所以我们平时就应该养成节约用电的好习惯!"

妈妈欣慰地点了点头。

知识专栏

人类活动产生温室气体

化石燃料（由古代生物的遗骸经过一系列复杂的变化而形成，是不可再生资源，包括煤、石油和天然气等）的使用，如用于交通、工业生产、取暖、制冷，发电以及其他诸多方面，对温室气体排放的贡献占人类活动总排放量的 70%～90%。其他温室气体的主要来源包括化石燃料的生产与运输、农业活动、废弃物管理和工业生产过程等。

通过燃烧化石燃料获取能源，人类每年向大气排放的二氧化碳可达220亿吨。而森林砍伐、森林退化和农业用地的管理不善也大大增加了温室气体的排放，每年的排放量为 20 亿～90 亿吨。

甲烷（CH_4）是仅次于二氧化碳（CO_2）的重要温室气体。水稻种植、牛羊养殖、垃圾填埋、采煤、炼油以及煤气管道泄漏等都会产生甲烷的排放。一氧化二氮（N_2O）来自自然和人类活动。化石燃料燃烧、工业生产以及包括化肥使用在内的农业生产活动都会增加大气中的一氧化二氮（N_2O）。用于制冷、空调和溶剂的氟利昂和其他卤化烃的生产也会增加一些其他温室气体。

知识点 04：碳达峰

周末，爸爸妈妈带着糖糖去海边游玩。糖糖一下车就看见一望无际的大海，于是想起了妈妈那天说的话：温室效应引起的海平面上升可能使"幸福岛"被淹没。他赶紧问妈妈："我们还可以做些什么才能阻止全球变暖呢？如果要所有人都不开车，这又不可能。"

"让所有人不开车肯定是不现实的。但其实很多人已经在为解决气候问题而行动起来了。不过呢，这并不是一天两天就能做成的事情，不能着急，得一步一步来。但需要时间来解决这一问题并不代表我们可以坐以待毙，虽然无法做到不开车，但可以少开车啊！如果我们每个人都能在生活中、在点滴小事中养成低碳环保的好习惯，积少成多、聚沙成塔，生态环境就能够被一点点改善。"

"我们在家里使用的那些节能家电就是我们为低碳出的一份力！"

"没错。只是虽然我们日常的交通出行、生活用电等都会产生一些碳排放，但主要的影响还是来自企业的生产活动。小岛上那些发电厂、面包厂在生产过程中燃烧煤炭会产生大量温室气体。"

糖糖一下子想到了爸爸经营的当乐食品厂，说道："对啊，我们岛上有很多工厂和企业，生产过程中肯定会产生二氧化碳。但是我们又不能让这些企业都关停了。如果爸爸的食品厂关停了的话，不仅在厂里上班的叔叔阿姨没有了收入，小岛上的很多人也吃不到我们做的面包了。"

"是呢。也许有的人会觉得我们的面包厂停产了影响不大，我还可以吃馒头、米饭。但如果是发电厂被关了，没有了电，我们的生活就会受到极大的干扰。咱们小区上周停了一个小时的电，你都没办法在晚上写作业，妈妈也没办法用电脑工作，想一想如果发电厂都停止发电的话，我们的生活岂不是乱套啦？"

"对啊，停电也太不方便了。"

"不只是我们的日常生活，企业停产的话对我们小岛的经济发展也有极大的阻碍。企业一旦停产，直接的影响就是没有产品可以销售，企业资金链可能断裂，久而久之，企业可能面临破产。就像你刚刚说的，企业员工会因为停产而拿不到工资，没有了收入，消费也会减少。所以我们不能为了缓解全球变暖就让所有岛民停止工作、所有企业停止生产，这是不切实际的。"

"我们应该循序渐进，逐步关停排放温室气体的企业，对吗？"

妈妈想了想说："不完全正确。其实不一定需要关停企业这么极端的办法，我们可以换一个思路，如果能够让企业依然生产，但不产生或者少产生温室气体，那我们的目的也可以达到。其实我们小岛政府部门已经在从这个方向上想办法啦。糖糖可能也有耳闻，我们已经提出了'碳达峰'的目标。这个目标是结合我们小岛实际情况提出的。目前来看，我们要实现更加绿色和低碳的生活是需要时间的。但在之后的发展中，那些需要消耗大量电能或是化石能源的企业，应该采用比先前排放少的技术，或是更多利用对环境污染小的新能源，如太阳能、风能。这样的话，虽然我们小岛的碳排放总量可能还会增长，但这种增长会变缓。在未来的某一天，碳排放就会达到最大量，也就是实现达峰。之后，如果我们继续减排与提升碳吸收能力，小岛总体的排放量就会在最高处开始逐渐减少。"

"我听过'碳达峰'这个词！但一直不是很理解。原来'碳达峰'就好像我们在攀登一座大山，首先我们要爬到山的顶峰。""碳达峰"示意图如图1-9所示。

"你这个比喻可太棒啦。"

图1-9　"碳达峰"示意图

知识点 05：碳中和

糖糖又问妈妈："想要'下山'的话，我们需要怎样做呢？"

"在缓解温室效应、降低碳排放的这座大山上，下山是需要花费更多精力的。政府在提出'碳达峰'目标的同时，还提出了'碳中和'。'碳中和'就相当于要'下山'了。"

"我们在化学课学习过'酸碱中和'这个词，'碳中和'是不是和'酸碱中和'有些相似呢？"糖糖感到疑惑。

"对，这里的'中和'一词就是事物相互抵消的意思。'碳中和'其实就是想要在某一时刻，达到碳排放量与吸收量相等，实现正负抵消，实现在某一时点碳排放总量为零的状况。很多生产活动会不可避免地产生二氧化碳排放，如果这些排放不可避免，就需要通过植树造林或者其他科学手段来消除、吸收碳，实现抵消，在碳循环中达到排放量与吸收量相等。比方说，食品厂需要烧煤来制作大家喜欢吃的面包，过程中会产生二氧化碳。如果食品厂没办法减少二氧化碳排放的话，我们就需要想办法吸收。如果燃烧三单位煤炭可以生产三单位面包，过程中产生三单位二氧化碳，而这三单位二氧化碳能够被三棵树吸收，那么就可以实现平衡，食品厂的净碳排放量就为零啦。""碳中和"示意图如图 1-10 所示。

"那我们的小岛就有救了！"

"对，如果我们能够如期实现'碳达峰'与'碳中和'目标的话，全球变暖肯定会得到缓解，蓝天会回来，北极熊的生存环境也会好起来。"

图 1-10 "碳中和"示意图

知识专栏

中国"碳中和"三阶段

"碳中和"指企业、团体或个人测算在一定时间内直接或间接产生的温室气体排放总量，然后通过植树造林、碳捕集等形式，抵消其所产生的二氧化碳排放量，实现二氧化碳"零排放"。

"碳中和"三阶段如图 1-11 所示：

阶段一（2020—2030 年）：主要目标为碳排放达峰。在达峰目标下，降低能源消费强度，降低碳排放强度，控制煤炭消费，发展清洁能源。

阶段二（2030—2045 年）：主要目标为快速降低碳排放。达峰后的主要减排途径转为可再生能源，大范围完成电动汽车对传统燃油汽车的替代，同时完成第一产业的减排改造。

阶段三（2045—2060 年）：主要目标为深度脱碳，开发碳汇（指通过植树造林、植被恢复等措施，吸收大气中的二氧化碳，从而减少温室

气体在大气中的浓度的过程、活动或机制），完成"碳中和"目标，深度
脱碳到完成"碳中和"目标期间，工业、发电端、交通和居民侧的高效、
清洁利用潜力基本开发完毕。

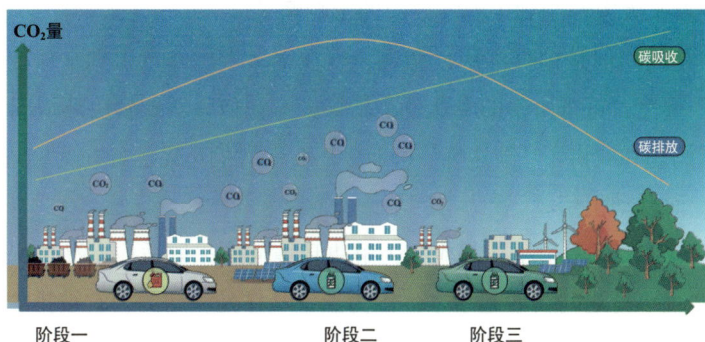

图 1-11 "碳中和"三阶段

知识点 06：政府间气候合作

　　糖糖听了妈妈的话后非常想知道其他人是否也意识到了环境问题十
分严重，其他岛屿是否也像"幸福岛"一样在为减碳出力，努力实现"碳
中和"。于是糖糖打电话给在"智慧岛"上学的表哥——麦哥。麦哥是一
名生态环境学院的大一学生，对环境问题有过专业学习的他非常喜欢与
糖糖分享在大学学到的新知识。

　　"喂？麦哥，我是糖糖，你现在忙吗？"糖糖坐在书桌前拨通了麦
哥的电话。

　　"我没有在忙，糖糖有什么事情？"

　　"麦哥，我最近非常关注温室效应这一问题，我觉得我们'幸福岛'
现在越来越热了，我很担心，所以我想问问'智慧岛'也是这样吗？"

　　"造成全球变暖局面的不只是'幸福岛'这一个岛屿，每一个小岛都

会产生碳排放，'智慧岛'也是这样。也许有一些岛屿的二氧化碳排放量较少，但二氧化碳是以气体的形式存在的，它排放出来并不停留在某个小岛上空，它是流通的，因此温度的上升也不只是某个地区，而是整个地球。"

"看来大家都受到了温室效应的影响啊。"

"是的。但是糖糖不用太悲观，现在很多人已经意识到全球变暖问题的严重性，哥哥所学的专业就是指导大家如何科学地解决环境问题。"

"妈妈和我讲了'碳达峰'和'碳中和'，我们小岛已经在为实现'碳中和'而行动了！"

"是呢，每一个小岛都应该为解决环境问题采取适应本岛情况的行动，并且小岛之间要联起手来。因为温室气体是流动的，它被排放出来后可不会听话地只待在一个固定的地方、只影响排放的地区，所以单独一个岛是不可能解决全球变暖问题的。假如你们幸福岛减排，我们智慧岛继续排，那么结果依然是地球温度的升高，而不是只有智慧岛的温度很高、幸福岛的环境不受影响。温室气体的增加影响到的是整个地球，所以只有地球上的每个小岛都重视节能减排，积极主动去实现低碳化，共同面对'温室效应'，才有可能解决环境问题。糖糖可能不太清楚，其实我们小岛之间为应对气候变化已经开始一起行动了。"

"麦哥快和我讲讲大家一起都做了什么呢？"

"比方说，许多小岛一起设立了岛屿气候合作联盟，成立了岛屿间气候变化专门委员会。因为许多国家或组织会提出一些改善气候变化的对策，这个委员会的主要工作就是对这些对策进行评估。"麦哥顿了顿，问糖糖："是不是有点抽象？"

糖糖点了点头说："这个委员会具体负责什么工作呢？"

麦哥想了想，说："主要是对人类引起的气候变化的各种影响进行评估。比如，评估气候变化原因、潜在影响、应对策略等。不过它并不采取强硬的措施来规范大家的行为，而是提出减缓气候变化的相关建议，改善地球环境。"

"原来是这样啊。"糖糖豁然开朗。

"是呀。除此之外，小岛间为了更好地互助合作与互相监督也签订了许多公约和协定。我相信如果大家一起遵守、一起按照计划执行，所有的气候问题都能解决的！"

"嗯嗯！"

知识专栏

《联合国气候变化框架公约》(United Nations Framework Convention on Climate Change，UNFCCC)

该公约于 1992 年 5 月 9 日在纽约通过，并于 1992 年在里约热内卢地球峰会上由超过 150 个国家和欧洲共同体签署，公约在全球控制气候变化领域有着奠基石的意义。公约由序言、二十六条正文和两个附件组成，包括公约目标、原则、承诺、研究与系统观测、教育培训和公众意识等条款。UNFCCC 也是负责支持公约实施的联合国秘书处的名称，其办公室位于德国波恩。公约的最终目标是"将大气中的温室气体浓度稳定在一个能使气候系统免受人为干预的水平上"。在"共同但有区别的责任"原则下，公约包含了所有缔约方的减排承诺。公约于 1994 年 3 月开始生效。1997 年，UNFCCC 通过了《京都议定书》。

知识专栏

《京都议定书》(Kyoto Protocol，KP)

该议定书是在 1997 年于日本京都召开的《联合国气候变化框架公约》第三次缔约方大会上通过的国际性公约。议定书为发达国家的温室气体排放量规定了标准，即在 2008 年至 2012 年，全球主要工业国家（附件 I 国家）的工业二氧化碳排放量比 1990 年的排放量平均降低 5.2%。

知识专栏

《巴黎协定》（*The Paris Agreement*）

《巴黎协定》是由 178 个缔约方共同签署的气候变化协定，是对 2020 年后全球应对气候变化的行动作出的统一安排。《巴黎协定》的长期目标是将全球平均气温较前工业化时期上升幅度控制在 2℃以内，并努力将温度上升幅度限制在 1.5℃以内。

受海平面上升威胁的国家，尤其是岛屿国家，在全球气温上升 1.5℃摄氏度时，就会有危险。如能实现"1.5℃"控温目标，相比"2℃"目标，全球缺水人口将减少一半，由高温、雾霾和传染病所致患病和死亡人数将下降，海平面少上升 0.1 米，失去栖息地的脊椎动物和植物数量少一半，全球大部分珊瑚礁得以幸存，同时经常遭遇极端高温天气的人口减少大约 4.2 亿人，遭遇异常高温天气的人口减少 6400 万人。

《巴黎协定》于 2015 年 12 月 12 日在第 21 届联合国气候变化大会（巴黎气候大会）上通过，于 2016 年 4 月 22 日在美国纽约联合国大厦签署，于 2016 年 11 月 4 日起正式实施。

2016 年 4 月 22 日，时任中国国务院副总理张高丽作为习近平主席特使在《巴黎协定》上签字。同年 9 月 3 日，全国人大常委会批准中国加入《巴黎协定》，成为完成了批准协定的缔约方之一。

2021 年 11 月 13 日，联合国气候变化大会（COP26）在英国格拉斯哥闭幕。经过两周的谈判，各缔约方最终完成了《巴黎协定》实施细则。

在中国提交的《强化应对气候变化行动——中国国家自主贡献》文件中提出，2030 年单位国内生产总值二氧化碳排放比 2005 年下降 60%～

65%，如图 1-12 所示。

图 1-12 我国碳减排目标

知识专栏

附件Ⅰ国家和非附件Ⅰ国家

根据《气候变化框架公约》，附件Ⅰ国家包含 124 个经济合作发展组织（OECD）中的所有发达国家和经济转型国家。其他的缔约国则通称为非附件Ⅰ国家，非附件Ⅰ国家全部是发展中国家。附件Ⅰ国家和非附件Ⅰ国家承担部分共同的义务，包括制定关于本国温室气体排放情况的国家清单、制定减缓温室气体排放和适应全球变暖的国家计划、开发节能减排的科学技术，促进节能减排的技术交流、植树造林、向公众普及绿色知识等。

知识点 07：各行业温室气体排放与管制

不久，糖糖和麦哥一同迎来了暑假。当糖糖知道麦哥已经从学校回到幸福岛后，马上邀请麦哥来自己家里玩几天，也想让麦哥给自己讲一些关于温室效应和"双碳"的新知识。

这天，麦哥来到糖糖家，糖糖早早地就把自己喜欢的零食拿出来招待麦哥，糖糖妈妈也做了美味佳肴。吃饱喝足后，麦哥说："你不是想了解更多温室气体的知识吗？我给你看一些资料。"于是他坐在糖糖的电脑前打开了一份自己准备好的电子文档。

糖糖好奇地问："麦哥，这是什么啊？"

"这是我在学校时查阅到的幸福岛不同行业的二氧化碳排放量，我把它们这三十年来的排放都整理到了这张表格上，进行比较可以看出它们之间的碳排放差异。"

糖糖看到这个表格里写着"电力及热能""其他能源工业""一般工业""交通""居民""商业及公共服务""农业"和"其他"，如图 1-13 所示。

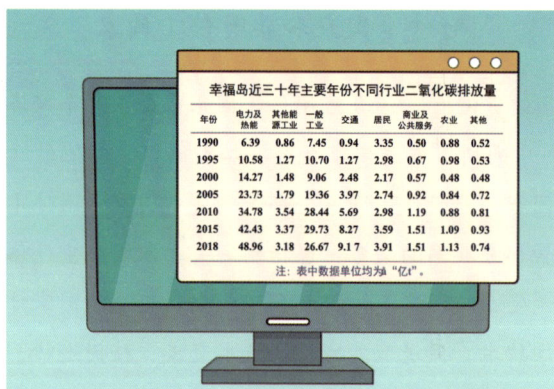

图 1-13　幸福岛近三十年主要年份不同行业二氧化碳排放量

"一、二、三……麦哥，你把它们分成了八种吗？"

"对，我把主要的行业都分开了，还有一些小的行业都放在了'其他'里面。中间的这些数字就是它们在这一年二氧化碳的排放量。我们可以先一列一列看。"

"糖糖，你竖着来看第一列电力及热能行业，发现了什么？"

"我来看看……电力及热能行业的碳排放量是逐年增加的。"

"没错。你也可以看看其他列的数据，很容易发现几乎每个行业的二氧化碳排放量都在逐年增加。但其实它们的增长幅度是不一样的。"

"那就是要比较每一年的变化量，对吧？"

"是，我们通过计算它们之间的差值来比较变化量。你会发现，不论是在哪一年，电力及热能行业的碳排放量都比居民生活排放得多。"

糖糖点了点头。接着麦哥用手指着第一行说："我们再横向来看一下，在第一行这一年份所有行业里，数值最大的是哪个呢？"

"第一个！电力及热能行业。"

"对，实际上之后的年份里也是它的数值最大，说明电力及热能行业的二氧化碳排放量在所有行业里是最多的。它不仅是增长幅度最大的，也是行业间排放量最大的，是因为以前电力及热能主要靠烧煤发电，烧煤过程中会产生二氧化碳。而电力又是小岛经济的'血液'，没有电力的话，无论是工业还是生活都无法进行。这样大量用电导致大量燃煤，就使得这一行业成了碳排放'大户'。"

"原来是这样啊，那我们有什么办法管管它们吗？"

麦哥将页面下拉，糖糖看见了另一张表格。表哥说道："我们小岛上的政府已经在为此想办法啦，陆续建立了相关的制度、颁布了相关的规定。大部分企业在政府的监督与管理下开始想办法减少温室气体的排放。我在这里按时间顺序整理了一些相关的制度，糖糖可以看看都规定了哪些内容。"

知识专栏

电力及热能行业碳减排相关制度

建立时间	制度名称	主要内容及影响
2022.1.29	《"十四五"现代能源体系规划》	强调加强能源自主供给能力建设。一是着力增强能源供应能力；二是加快完善能源产供储销体系
2022.2.12	《关于完善能源绿色低碳转型体制机制和政策措施的意见》	《意见》作为碳达峰碳中和"1＋N"政策体系的重要保障方案之一，是能源领域推进碳达峰、碳中和工作的综合性政策文件。未来，《意见》将与能源领域碳达峰系列政策协同实施，形成政策合力，成体系地推进能源绿色低碳转型
2022.8.29	《加快电力装备绿色低碳创新发展行动计划》	围绕火电装备、水电装备、核电装备、风电装备、太阳能装备、氢能装备、储能装备、输电装备、配电装备、用电装备等电力装备10个领域，提出六项行动
2023.1.19	《新时代的中国绿色发展》	中国立足能源资源禀赋，坚持先立后破、通盘谋划，在不断增强能源供应保障能力的基础上，加快构建新型能源体系，推动清洁能源消费占比大幅提升，能源结构绿色低碳转型成效显著
2023.6.2	《新型电力系统发展蓝皮书》	全面阐述新型电力系统的发展理念、内涵特征，制定"三步走"发展路径，并提出构建新型电力系统的总体架构和重点任务

知识专栏

中国碳达峰、碳中和"1＋N"政策体系

"1＋N"政策体系，"1"是指中共中央、国务院印发的《关于完整准确全面贯彻新发展理念做好碳达峰碳中和工作的意见》，"N"包括2030年前碳达峰行动方案以及重点领域和行业的具体政策措施和行动。

"1＋N"政策体系从十个领域加速转型创新，这十大领域包括：优

化能源结构，控制和减少煤炭等化石能源；推动产业和工业优化升级；推进节能低碳建筑和低碳设施；构建绿色低碳交通运输体系；发展循环经济（在生态系统、生产过程和经济增长之间，通过无污染、无生态破坏的技术工艺流程达到良性循环），提高资源利用效率；推动绿色低碳技术创新；发展绿色金融（为支持环境改善、应对气候变化和资源节约高效利用的经济活动）；出台配套经济政策和改革措施；建立完善碳市场和碳定价机制；实施基于自然的碳中和解决方案。

知识专栏

CROCS 企业碳中和管理和激励模型

CROCS 企业碳中和管理体系围绕企业碳中和全过程，将其分解为确碳（commitment of carbon neutrality）、减碳（reduction of carbon emission）、抵碳（offsets of carbon emission）、披碳（communication of carbon neutrality）和激碳（stimulation of carbon neutrality）五个阶段。

如图 1-14 所示，确碳要解决"确得准"的问题，从而建立有效的碳中和责任管理体系，为企业明确碳中和责任提供决策依据。减碳要解决"减得足"的问题，从而建立有效的企业碳减排激励机制，为企业碳减排提供激励管理体系。抵碳要解决"抵得当"的问题，从而建立碳抵消行为决策和激励机制，为企业合理使用碳抵消方案提供引导。披碳要解决"披得清"的问题，从而系统掌握影响企业碳中和信息披露的因素和内在机制，为构建企业碳中和信息披露体系提供理论支撑。激碳要解决"激得长"的问题，从而明晰企业碳中和行为产生长期效益的路径，为说服企业及其员工更加主动地承担碳中和责任提供动力。

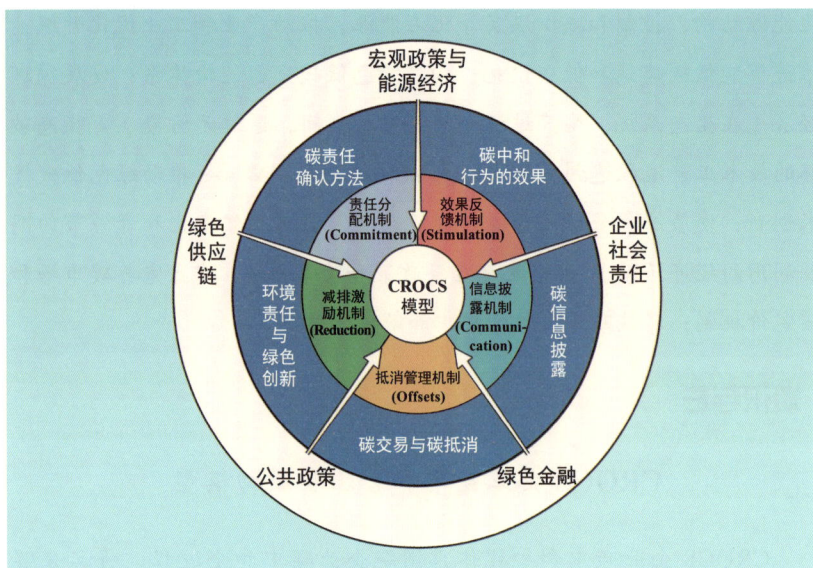

图 1-14   CROCS 模型

思考与练习

1. 温室效应会产生哪些危害？

2. "双碳"目标具体是指什么？实现"双碳"目标的意义何在？

3. 为什么《巴黎协定》要将温度上升幅度限制在 1.5℃以内？

4. 为何小岛之间要协作应对全球变暖问题？

5. 为了减少二氧化碳排放，我们应该做什么？你观察到生活中有哪些正在进行的碳减排行动？

6. 二氧化碳排放量最高的行业是哪个？增长速度最快的行业是哪个？有什么办法降低这些行业的碳排放？

精彩动画扫码看

第一集

幸福岛气候大作战

第二章

碳 确 认

　　幸福岛上有一家广受居民喜爱的连锁甜品店——幸福甜品店，这家店凭借着独树一帜的口味和实惠公道的价格，短短几年就迅速发展成岛上业绩最佳的烘焙品牌。幸福中学门口也有这样一家甜品店，每当大家放学时，常常被色味俱佳的烘焙产品吸引得挪不开脚步。其中，糖糖最喜欢的就是这家店的招牌产品——芝士面包，他常常会顺手买上一些，放到冰箱里保存，这样在家也能随时吃到美味的面包。

　　自从前段时间听麦哥讲了温室气体的排放，糖糖就总惦记着这件事。这天，在吃芝士面包的时候，糖糖突然灵光一闪：芝士面包如此美味，它是如何来到我们手中的呢？这一过程也会排放二氧化碳吗？

　　为了解决这一疑问，糖糖请教了在环境研究所工作的妈妈。妈妈告诉糖糖：“我们不要小看这块面包，它是历经千辛万苦才来到我们手中的。种植小麦、做出面粉，牧场的奶牛产出新鲜的牛奶，以及糖、酵母等都是生产面包不可或缺的原料。这些原料被运送到幸福岛最大的面包生产基地，也就是爸爸主管的当乐食品厂，由工作人员用先进的机器生产。生产出来的面包包装好后，再被货车运送到幸福甜品店和其他超市售卖，最终来到我们手中。

　　“面包的来历和二氧化碳排放也是息息相关的。生产面粉等制作面包的原料，大货车运输原料，还有食品厂制作面包的过程都会产生碳排放。做好的面包被送到面包店和超市的冰柜里保存，同样会排放二氧化碳。消费者食用面包后，垃圾处理站在回收面包袋子时也会造成碳排放。"

糖糖若有所思地点了点头。

说到当乐食品厂，幸福岛的居民们可谓耳熟能详，这是岛上的老字号品牌，不仅产品做得好，公司负责人王总还特别热心公益。今年，当乐食品厂又为小岛捐赠了一所希望小学，并坚持为生活困难的留守老人提供援助，还成立了"当乐食品健康基金"，专门资助那些与食品营养、居民健康有关的研究，如图 2-1 所示。居民们觉得，这样的良心企业生产的食品肯定让人放心。

图 2-1　当乐食品厂热心公益事业

自从最近受到小岛政府的"最具社会责任企业"嘉奖，新闻媒体纷纷报道当乐食品厂，称赞这家公司是"企业社会责任的标杆"，当乐食品厂全体员工干劲十足，王总的脸上也总是挂着笑容。他觉得，当乐食品厂一直坚持的公益活动十分有意义，不仅给众多的留守老人和儿童送去了温暖，也给幸福岛学校的科研提供了资助，还让当乐食品厂树立了负责任的企业形象。

这天，王总在浏览新闻时发现幸福岛最近召开了气候会议，还提出了新的议案，是关于碳责任和碳减排的。这些议案和公告引发了他的思考：小岛政府对气候问题如此重视，这会不会与我们食品厂未来的生产也息息相关呢？

很快食品厂就收到了一封邮件，是幸福岛政府发来的，邮件内容如图 2-2 所示。

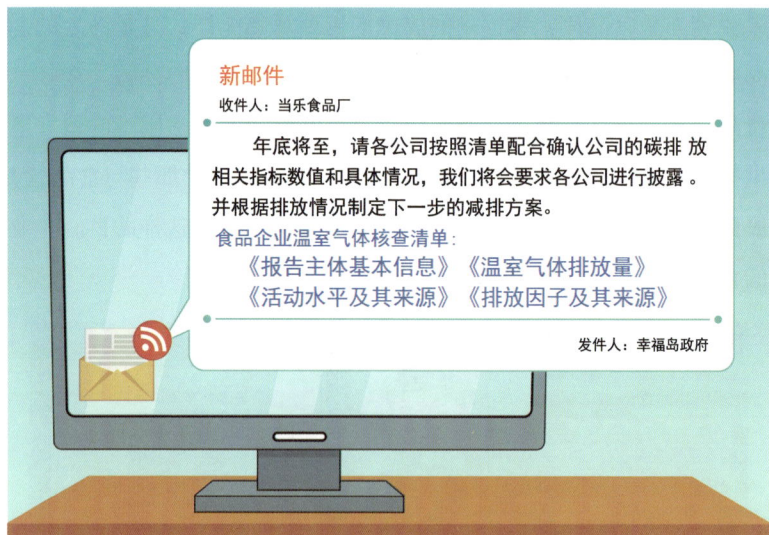

新邮件

收件人：当乐食品厂

　　年底将至，请各公司按照清单配合确认公司的碳排 放相关指标数值和具体情况，我们将会要求各公司进行披露。并根据排放情况制定下一步的减排方案。

食品企业温室气体核查清单：
《报告主体基本信息》《温室气体排放量》
《活动水平及其来源》《排放因子及其来源》

发件人：幸福岛政府

图 2-2　幸福岛政府发来的邮件

为应对全球气候风险，幸福岛要切实做好减碳降碳工作，力争尽快实现碳达峰和碳中和目标。目前我们的碳排放强度起点高、实现时间紧，幸福岛各公司作为重要的碳排放来源，正是减碳降碳任务的主力。

小岛上的企业都是首次开展这方面的工作，当乐食品厂也不例外。由于对相关问题的知识储备和处理经验有限，一时间大家有些迷茫，王总也难以决定如何行动。其实，幸福岛政府早就预想到了这些情况，因此派出碳排放专员小张来协助当乐食品厂处理碳排放相关问题。

王总和当乐食品厂的员工热情迎接了碳排放专员小张。大家了解到，因为温室气体的过度排放，幸福岛乃至其他小岛现在面临严重的气候危机。近年来，全球变暖问题越来越严重，海平面也在日益上升，幸福岛和其他小岛居民的安全受到威胁，人类和各种生物赖以生存的美丽家园岌岌可危。因此，碳减排已经到了刻不容缓的时候。小岛政府号召各家企业尽快厘清自家的碳排放，积极开展碳减排工作。小张提出，公司要开展碳减排工作，首先就要进行碳确认，如果不能明确公司排放了多少碳，减碳也就无从谈起。

小张解释道："碳确认就是要认领咱们当乐食品厂在运营过程中排放的二氧化碳总量。我们可以从'看得见''分得清''算得准'三个方面，研究当乐食品厂在哪些过程排放了碳、各个过程排放了多少碳，这样一来，咱们可以对自己排放的温室气体做到心中有数，这是做好碳减排工作的第一步！"

知识点 01：碳排放

小张告诉大家，温室气体是能够吸收地球表面反射的长波辐射，并重新发射、辐射的一些气体，它们的作用是使地球表面变暖，类似于温室截留太阳辐射，并加热温室内空气。温室气体最主要的成分就是二氧化碳。这些温室气体从广袤的原野、工厂的烟囱、疾驰的车辆和幸福岛的家家户户中来，我们将这些气体的排放统称为碳排放。

自然界中的各类活动都有可能造成碳排放，一些常见的能源如石油、煤气、天然气，在使用时会产生大量二氧化碳，幸福岛的基本生产、居民的日常生活、交通运输也会排放二氧化碳。碳排放就在大家购买一瓶水、点一次外卖、食品厂的司机师傅运输一次芝士面包，抑或是路边一株小草在呼吸时悄然发生。也就是说，碳排放和整个自然界的各种活动息息相关，如图 2-3 所示。

图 2-3　碳排放与自然界各种活动息息相关

知识专栏

生活中的碳排放

碳排放是温室气体排放的总称或简称，温室气体中最主要的气体是二氧化碳，因此用碳（carbon）一词作为代表。

在许多日常活动中都会产生碳排放，举例如下：

搭电梯上下一层楼增加碳排放 0.218 千克；

看电视一小时增加碳排放 0.096 千克；

丢一公斤垃圾增加碳排放 2.06 千克；

一件 250 克的纯棉 T 恤增加碳排放 7 千克；

电脑使用 1 年增加碳排放 10.5 千克，关掉电脑一年可减少 83% 的排放；

洗热水澡 15 分钟增加碳排放 0.42 千克；

用洗衣机 40 分钟增加碳排放 0.117 千克；

1 台汽车发动机每燃烧 1 升燃料增加碳排放 2.5 千克；

10 双一次性筷子增加碳排放 0.2 千克；

生产 1 个塑料袋增加碳排放 0.1 克；

耗用一张 A4 纸增加碳排放 12.67 克；

每盏白炽灯亮 1 小时增加碳排放 0.04 千克。

知识点 02：人为排放

听完小张对于碳排放的解释，王总恍然大悟："这么说来，食品厂在经营的过程中应该也会造成很多碳排放吧。"

小张点点头："您说得没错，当乐食品厂每天的很多活动也会产生碳排放。当然，食品厂的碳排放基本可以说是人为排放。

"我们人类所造成的碳排放就是人为排放，也就是人类活动引起的各种温室气体排放，它在自然界的碳排放中占据着很重要的地位。许多碳排放活动都与人类活动有关，包括化石燃料的燃烧、畜牧业生产、给土地施肥、处理污水和工业生产等。当然，当乐食品厂也是'碳排放大军'中的重要一员。

"人为排放是碳排放的关键组成部分，和自然界的碳排放相比，人为排放是我们可以控制的，因此，它是碳减排的关键。控制人为排放，不是一朝一夕的事情，也不是一个人、一家公司的任务。维护地球的生态环境，是我们共同肩负的责任。"

王总说道："这场与人为排放之间的'硬仗'，我们当乐食品厂一定要打好！"

知识专栏

常见温室气体的人为排放源

（1）二氧化碳（CO_2）

人为排放源：燃料燃烧，尤其是使用煤炭、石油和天然气的发电厂。

（2）甲烷（CH₄）

人为排放源：采煤、气体泄漏、垃圾填埋场。

（3）氧化亚氮（N₂O）

人为排放源：以煤和石油为燃料的火力发电厂、工业锅炉、垃圾焚烧、使用汽油的汽车等。

（4）臭氧（O₃）

人为排放源：氮氧化物或挥发性有机化合物在阳光照射下发生光化学反应，形成的二次污染物。

（5）一氧化碳（CO）

人为排放源：使用汽油和柴油的汽车、燃料燃烧等。

（6）氯氟烃

人为排放源：制冷设备在生产、使用和废弃时气体泄漏。

知识点 03：碳足迹

了解到何为碳排放，大家又有了新的思考：当乐食品厂的生意这么红火，厂区规模大且员工数量多，想必在很多活动中都会产生碳排放。我们该如何确定食品厂的全部碳排放呢？

碳足迹可以给出答案。像当乐食品厂这样的企业，在运作中产生的碳排放集合叫作企业碳足迹；食品厂每生产一块面包，就会产生相应的碳排放，这叫作产品碳足迹；员工每天的日常生活与工作也会产生碳排放，这是个人碳足迹。可以说，碳足迹就是企业、产品或个人引起的温室气体排放的集合，其中，和当乐食品厂关系最密切的是企业碳足迹和产品碳足迹。

"碳足迹和刚刚提到的碳排放又有什么样的区别呢？"王总提出疑问。

小张解释道："碳排放一般是指某一个主体，如当乐食品厂，它所有涉及能耗与排放的设施、设备，在某一时间段内或者某些过程中产生的温室气体排放。碳足迹的范畴则要大得多，它是一个总和的概念，往往是在全生命周期所产生的碳排放。比如，一块面包的碳足迹，就是要把原料获取、加工、运输、销售、丢弃、自然分解等过程中每个环节产生的碳排放都考虑进来。"企业碳足迹系统结构如图 2-4 所示。

"这样说有些抽象，不如我们一起到厂区里走一走，你结合食品厂为我们详细讲讲到底什么是企业碳足迹和产品碳足迹？"王总提议道。于是，众人在食品厂一边走一边看，寻找碳足迹的踪影。

像当乐食品厂这样的大型食品制造企业，有许多地方都与碳排放息息相关，这一系列的碳排放总和，就是当乐食品厂的企业碳足迹。

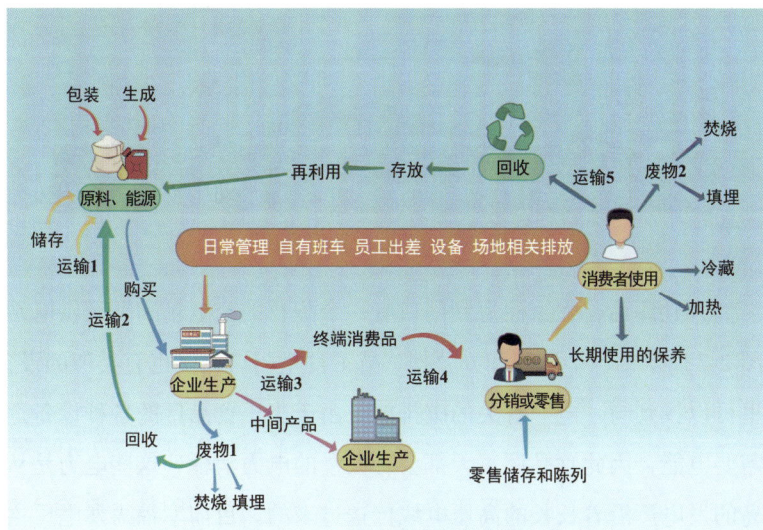

图 2-4 企业碳足迹系统结构

　　大家先来到了食品厂的仓库，这里可以找到与原料有关的碳排放，如图 2-5 所示。食品厂要生产面包，就要去专门的生产厂家购买小麦、糖、鸡蛋和牛奶等原材料，并将这些原材料运到食品厂仓库储藏。特别是像牛奶这类容易变质的原料，对储存条件的要求比较高，需要在专门的冷库中存放，如图 2-6 所示。小张告诉大家，在其他厂家生产原材料的时候，就已经产生了碳排放，并且货车运输需要燃油，保持仓库恒温的空调设备需要供电，这些活动都会直接或间接产生二氧化碳，它们正是企业碳足迹的一部分。

图 2-5　当乐食品厂仓库

　　离开仓库后，大家注意到门口有一个醒目的变电箱和厂区供电站，如图 2-7 所示。各个厂房和办公楼、员工食堂门口大多也有类似的设备，这里可以找到与"电"有关的碳排放。由于当乐食品厂的各种设备运转都需要电能，因此食品厂每天都会有大量的电力消耗，这些电力是从幸福岛的发电厂沿着长长的高压电线传送过来的。目前幸福岛发电厂主要的发电方式是火力发电，也就是将煤炭燃烧时产生的热能，通过发电动力装置转换成电能。在燃烧煤炭等物质时发生的化学反应会产生大量的碳排放，这些碳排放虽然不是在当乐食品厂的园区内直接产生的，但与食品厂有着密不可分的联系，是使用电所产生的碳排放，因此也是企业碳足迹的重要组成部分。

图 2-6　冷库

图 2-7　厂区供电站

　　从供电站往前走，王总一行人来到了厂区的核心位置：生产车间，如图 2-8 所示。糖糖常吃的芝士面包就是在这里生产出来的。一袋袋面粉和酵母被倒入搅拌机，机器把它们压成面包的形状，经过数个小时的发酵后，再涂上芝士和糖粉，由传送带送入烤箱烘烤，很快香喷喷的芝士面包就出炉了。出炉后的面包被传送至包装车间，装进印制精美的袋子里，最后变成一箱箱包装好的美味芝士面包。

图 2-8　生产车间

　　王总向小张介绍面包生产车间："我们的面包生产几乎实现了全流程自动化，使用的都是目前最先进的机器设备，员工基本上只需要按照要求操作机器，不仅提高了生产效率，而且在很大程度上确保了食品卫生。"

　　看小张刚要开口，这次王总抢先一步："这些大型设备运转起来，要消耗很多电能，车间里的管理部门也要使用电，因此会产生很多碳排放吧！"

"您说得对，这些正是生产环节的碳排放，也是当乐食品厂碳足迹所涵盖的部分。"

走出生产车间，迎面驶来一辆员工班车，停在了车间门口，前来换班的工人从班车上陆续走下来。王总告诉小张，当乐食品厂的员工都有专门的班车接送，上下班十分方便，可以省下不少通勤时间。交谈间，又有几辆刚在仓库装满面包的货车朝外面驶去。这些车辆大多数以汽油和柴油为能源，在行驶过程中会燃烧油料并释放出二氧化碳等温室气体，烟雾般的汽车尾气中就含有大量二氧化碳，这也属于当乐食品厂的企业碳足迹。

转眼间就到了中午，大家准备在办公楼下的食堂用餐。当乐食品厂配有专门的员工食堂，食堂的师傅要烧出香喷喷的饭菜，是离不开炉灶的。每天做饭时燃烧的天然气也会释放出二氧化碳。

午餐后，王总带领小张前往食品厂的办公中心。明亮的办公楼里安放了很多电子设备，楼道里也配备了智能门锁和人脸识别系统，科技感十足。小张路过财务中心的门口，只见大家正兢兢业业地工作。王总告诉他，食品厂的财务中心已经在很大程度上实现了"无纸化"办公，大部分业务是通过网络完成的，不仅有利于提升工作效率，也更加环保。当然，这些设备消耗电能而带来的碳排放，都属于企业碳足迹的范畴。

结束了园区参观，王总感慨良多。原来当乐食品厂的各个角落几乎都会产生碳排放，对生态环境造成影响。王总心想，以后一定要在碳减排方面多加努力了，这不仅是为了幸福岛和其他岛屿的生态环境，更是为了人类子孙后代的幸福生活。

小张告诉大家："今天咱们看到了食品厂的很多地方产生碳排放，这些碳排放都属于企业碳足迹的范畴。不止咱们食品厂直接产生的碳足迹，上游为咱们供货的面粉厂、糖厂、牛奶厂等，为我们生产面包原料而产生的碳排放，以及发电厂这样为我们提供能源的企业，在发电过程中产生的碳排放，都属于企业碳足迹的范畴。此外，咱们的面包运输到超市销售给消费者，下游商铺为冷藏储存、陈列和销售面包而产生的碳排放，消费者冷藏存放面包产生的碳排放，以及这些面包的残渣经过填埋和焚烧，在降解过程中所产生的碳排放，也属于我们企业的碳足迹。"

"这么说来，围绕我们当乐食品厂，碳足迹真的很广泛呀。"众人连连感叹。"咱们当乐食品厂的企业碳足迹大家基本了解了，那产品碳足迹又是怎么一回事呢？"大家都很好奇。

"企业碳足迹和产品碳足迹最大的区别就是针对的主体范围不同，企业碳足迹针对的是整个企业，产品碳足迹针对的则是一件产品。"小张解释道，碳足迹不仅可以从整个当乐食品厂的企业碳足迹来看，还可以从生产的一块面包来看，也就是产品碳足迹。产品碳足迹指的是产品生命周期内产生的温室气体排放，涵盖从产品的原材料收集到生产加工、运输、消费及最终废弃物处置等范围的碳排放，可以说是"从摇篮到坟墓"的整个过程。

以当乐食品厂生产的一块面包为例，可以把这块面包的碳足迹分为五个主要环节，如图 2-9 所示。

第一是原材料环节的碳足迹。食品厂要生产这块面包，就需要购买面粉、牛奶、鸡蛋、糖、芝士、酵母等原材料。种植小麦、养殖奶牛和蛋鸡、生产糖和芝士等原料会产生碳排放，货车将原材料运送到食品厂会排出尾气，冷藏仓库储存原材料需要耗电，这也会产生碳排放。

第二是产品制造环节的碳足迹。机器轰鸣，切好一块块面团，将面团发酵后涂上佐料烘烤，再将成品面包塑封好。机器的运转、电灯的照明和空调设备的运行都需要消耗大量电力，因此也会产生碳排放。

图 2-9 产品碳足迹

第三是配送与零售环节的碳足迹。面包被运输到零售店，再销售给幸福岛的广大居民，运输车辆燃烧汽油、店铺仓库储存、冷柜保鲜的过程都会产生碳排放。

第四是消费环节的碳足迹。消费者购买了面包，把面包放在冰箱里冷藏，也会产生碳排放。

第五是废弃物处置环节的碳足迹。消费者吃完面包后，将包装纸和塑料袋放入垃圾车，其中包装纸被送去回收再利用，塑料袋则被填埋降解。回收再利用和垃圾处理的过程同样会产生碳排放。

总的来说，这块面包从原材料到制造出来被销售，再到被人食用和废弃物处置的全过程所造成的碳排放，就是这块面包的产品碳足迹。

经过小张的耐心讲解，大家对碳排放和碳足迹有了更深入的认识："原来碳排放就在我们身边。多亏了小张，我们虽然看不见无色透明的二氧化碳，但是我们'看得见'碳排放了！"

　　"食品厂的碳足迹范畴这么广泛，但不能全部归到我们食品厂的碳排放中。我们是否需要给它们分个类，划定责任界限，这样更方便确认。"王总提议。

　　"其实，不久前幸福岛政府和环境研究所刚发布的《温室气体核算体系》，就对碳排放的分类问题作出了规定，刚好可以解答这个问题。将碳排放分门别类进行确认，也是咱们幸福岛政府对各家企业的要求，毕竟明确了碳排放的范围类型，各家企业才能认领足自己的碳排放，做到'认得够'。"

知识点 04：碳排放范围

　　根据幸福岛政府现在的规定，企业的碳排放可以分成三个范围：范围一、范围二和范围三。

　　这三个范围分别代表什么呢？它们又是如何与当乐食品厂联系起来的？对此，小张一一作出了解释。

　　范围一是食品厂直接拥有或者控制的排放源产生的排放，主要是设备排放和自有车辆排放。像食品厂的食堂炉灶燃烧天然气、车辆燃烧汽油、各种工艺过程和空调制冷剂产生的排放，都属于范围一的排放。

　　范围二排放是食品厂从外面购买，供自己使用的能源所产生的碳排放，主要是电力、蒸汽、暖气和冷气。这种碳排放不是在食品厂直接发生的，例如，购入电力的碳排放，实际是在幸福岛另一端的发电厂产生的。

　　范围三排放的覆盖范围就广泛得多了，包括食品厂上游和下游活动产生的碳排放。面包的生产链条就像一条河流，为食品厂提供原材料的企业，在当乐食品厂的上游，超市和消费者、废品回收站则处于当乐食品厂的下游。

在食品厂面包生产的上游环节，面包生产的原材料（面粉、牛奶、糖、鸡蛋等）在别的工厂制造出来并包装好运送到食品厂的过程中产生的碳排放，以及生产原材料产生的废弃物在处理时产生的碳排放，还有食品厂的员工出差与人洽谈生意的过程中乘坐车辆、使用空调产生的碳排放等，都属于范围三的碳排放。

在食品厂生产面包的下游环节，成箱的面包被运往各大超市和零售店，运输车辆的碳排放，超市冷藏柜储存面包所产生的碳排放都属于范围三的碳排放。面包被消费者购买回家之后，在冰箱储藏和加工过程中产生的碳排放，以及面包残渣被垃圾车运到垃圾回收站进行处理的过程中产生的碳排放，也属于范围三的下游活动排放。

总之，这些活动虽然不是在当乐食品厂发生的，却与食品厂息息相关，涵盖了食品厂生产链条的整个上游和下游。

"这么说来，我们对这三个范围的碳排放进行统计，就能得到咱们食品厂排放了多少碳，并确定碳足迹。"

"是这样的。幸福岛政府也要求各公司对统计的数据进行披露，特别是范围一和范围二。范围一和范围二的碳排放统计起来比较容易，范围三的碳排放则会复杂一些，它涵盖了上下游的活动，涉及的排放源较广。范围三的排放范围通常比范围一和范围二广泛得多，因为这些碳排放大多不是在食品厂产生的，要想减少范围三的排放，也需要克服很多困难。"三个范围产生的碳排放如图 2-10 所示。

"这样按范围划分碳排放，不仅清晰、便于统计，也利于我们依据现在的碳排放情况制订计划，开展碳减排。"大家纷纷感叹小岛政府和环境研究所科研人员的聪明才智。

图 2-10　三个范围产生的碳排放

知识专栏

范围一、范围二和范围三排放

世界资源研究所（World Resources Institute，WRI）和世界可持续发展工商理事会（World Business Council for Sustainable Development，WBCSD）于 2004 年 3 月公布了《温室气体核算体系：企业核算和报告标准》（The Greenhouse Gas Protocol: A Corporate Accounting and Reporting Standard，GHGP）。该标准首次将排放划分为三个范围，具体如下。

范围一（Scope 1）：由企业直接拥有或控制的排放源产生的排放，如企业自有的锅炉燃煤排放、车辆燃油排放、工艺过程排放和空调制冷剂排放等。

范围二（Scope 2）：企业自用的从外面购买的电力、蒸汽、暖气和冷气等产生的排放。

范围三（Scope 3）：包括供应链上游和下游的排放，如购买原材料的生产排放、售出产品的使用排放等。由于范围三代表着企业排放的最大来源，世界资源研究所和世界可持续发展工商理事会于 2011 年公布了范围三排放的补充标准，即《温室气体核算体系：企业价值链（范围三）核算与报告标准》（WRI and WBCSD，2011）。

例如，2021 年苹果公司的碳排放量为 2250 万吨，范围一是公司、数据中心、零售店直接拥有或运营的能源排放，占 0.02%；范围二是用电过程中产生的碳排放，由于苹果使用 100%可再生电力，因此这部分的碳排放为零；范围三包括商务差旅、员工通勤，以及供应商参与的产品制造、使用、运输、报废处理等，占所有碳排放量的 99.98%。

知识点 05：直接排放与间接排放

王总提出，他最近看到新闻上在报道企业碳排放的相关事宜，里面常常提到直接排放和间接排放，这和小张刚刚讲的范围一、范围二和范围三排放又有什么区别呢？

"实际上，直接排放通常指的是范围一的碳排放，间接排放则包含范围二和范围三的碳排放。这是因为范围一中的排放是在咱们当乐食品厂直接发生的，而范围二和范围三的排放发生地点并不在食品厂，所以我们可以把它们叫作间接排放。"小张解释道，当乐食品厂就是一个定义明确的边界，在这个定义明确的边界内各种活动产生的排放，就是直接排放；像使用电力产生的碳排放，实际上是发生在发电厂的，那么这些排放就是间接排放。

"如此说来，'间接'虽然听起来离我们比较远，但我们也要为此负责，特别是比较容易确认的范围二的排放。"

"没错，和范围三的碳排放相比，降低范围二的排放相对容易，我们可以从减少能源的使用入手。一是注意节约用电，像办公楼里面的灯和各种需要用电的设备，在不使用的时候就可以随手关掉。二是购置一些低耗能的办公设备和生产设备，如节能灯、节能打印机和耗电低的面包生产、包装机器。"

"总之，咱们食品厂要把'直接排放''间接排放'都稳稳抓好，认领足我们的碳排放，争取成为幸福岛减碳工作的标杆企业！"

知识点 06：生产责任原则

大家对于碳排放的分类正讨论得热火朝天，王总突然接到了一个电话，是面粉厂打来的。面粉厂的主管告诉王总，关于最近小岛政府要求的碳责任确认问题，想要与食品厂一起研究一下碳责任的划分，也就是谁应该为哪些碳排放负责。由于面粉是当乐食品厂生产面包必不可少的原材料，因此面粉厂处于当乐食品厂碳排放链条的上游，与食品厂的关系十分紧密，可谓"牵一发而动全身"。

这让王总不禁思考起碳责任划分的问题：整个碳排放体系如此庞大，食品产业的上下游构成了一条复杂的碳排放链条，我们应该如何判定是当乐食品厂还是面粉厂该为某些碳排放负责呢？我们食品厂又该如何在不同部门之间分配碳减排相关工作任务和考核绩效呢？由于当乐食品厂以前没有划分外部和内部碳排放责任的经验，王总一时间有些犯难。

见此情景，小张在一旁支招："碳责任划分的方式有很多，对于企业之间的外部碳责任划分，幸福岛上现在主要有按照生产责任原则和消费责任原则划分两种方式。"

"生产责任原则是谁生产谁负责，这和幸福岛之前统计工厂排污量较为相似。根据生产责任原则，公司要对自己生产产品和提供服务所直接产生的二氧化碳排放负担全部责任。"小张解释道。生产责任原则下的碳排放划分如图 2-11 所示。

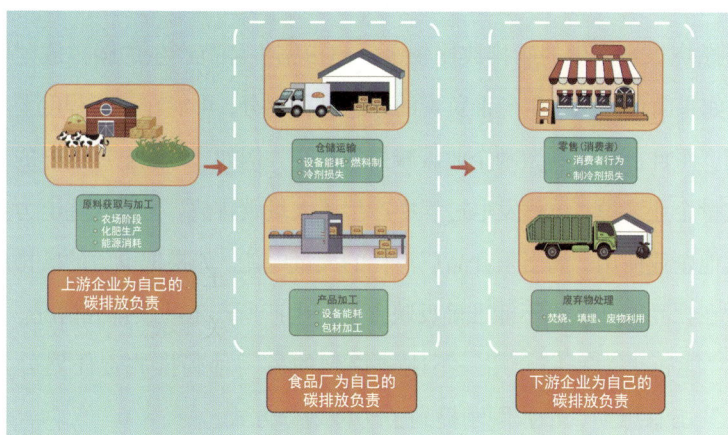

图 2-11　生产责任原则下的碳排放划分

"以当乐食品厂生产面包来举例，您就可以明白生产责任原则与消费责任原则的不同。我们可以把生产面包整个过程产生的碳排放看成一个碳足迹的链条，面粉厂、牛奶厂和发电厂等就是咱们的上游企业，超市和面包店就是咱们的下游企业。根据生产责任原则，当乐食品厂只需要对面包生产过程产生的一系列碳排放负责。对于上游的企业来说，面粉厂为生产面粉产生的碳排放负责，牛奶厂为生产牛奶产生的碳排放负责，发电厂则为制造电力产生的碳排放负责。对下游的企业来说，超市为销售过程中冷柜储存等过程产生的碳排放负责。总而言之，我们只需要确认自己运营过程中产生的碳责任，这种方法的核算比较简单，企业只需要摸清自己的'家底'就可以。"

知识点 07：消费责任原则

认真听完小张对生产责任原则划分方法的解释，王总若有所思，这样的划分方法虽然简便直接，但碳排放是贯穿整个生产链条的，像在发电环节燃烧煤炭产生的碳排放比较多，超市销售环节产生的碳排放则比较少，如果简单按照谁生产谁负责的理念进行划分，可能在一定程度上不够合理，而且很难起到激励企业碳减排的作用。例如，对发电厂这样的高碳排放量企业来说，虽然发电过程中产生了大量碳排放，但是这些电力主要被其他企业使用，如当乐食品厂消耗的大量电能。如果把电力的碳排放都排除在食品厂外，也不能准确反映食品厂生产所产生的碳排放情况。

"能否再为我们介绍一下刚才提到的另一种碳排放责任划分方法呢？"王总想到，小张刚刚提到了两种划分方式。

"另一种划分方式是根据消费责任原则来划分。我们还是以当乐食品厂生产的一块面包来为大家举例。

"与生产责任原则不同，根据消费责任原则，一块面包从原材料到最终被消费处置，整个链条中产生的碳排放是可以在各个企业之间传递的，食品厂接收到来自上游企业提供原材料和提供电力的碳排放，也在销售产品时向下游的超市和面包店传递碳排放，如图 2-12 所示。当乐食品厂自身的碳排放，加上来自上游企业传递的碳排放，再减去向链条下游传递的碳排放，就是食品厂在整个链条中真正需要负责的碳排放。

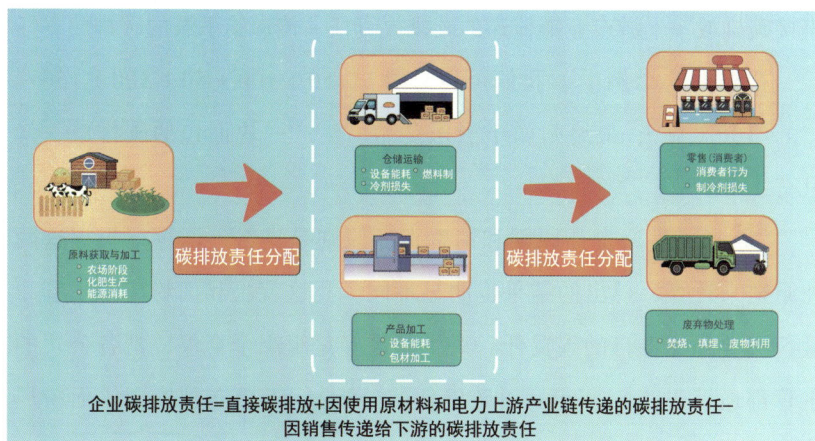

企业碳排放责任=直接碳排放+因使用原材料和电力上游产业链传递的碳排放责任－
因销售传递给下游的碳排放责任

图2-12 消费责任原则下碳排放责任划分

"假定生产一块面包时，当乐食品厂整体产生的直接碳排放是300克二氧化碳。面粉厂、牛奶厂、糖厂生产原材料所产生的碳排放分别是50克、100克、50克，发电厂为当乐食品厂在这段时间提供电力所产生的碳排放是150克。当乐食品厂最终将包装好的面包销售给超市和面包店时，转移的这块面包产生的碳排放为550克。超市冷藏销售面包的碳排放则为100克。

"在生产责任原则下，各家企业分别为自己的碳排放负责，也就是面粉厂、牛奶厂、糖厂承担的碳排放责任分别是50克、100克、50克，发电厂承担的碳排放责任为150克，超市承担的碳排放责任为100克，当乐食品厂则为自己直接产生的300克碳排放负责。

"在消费责任原则下，当乐食品厂的碳排放责任是用自己产生的直接碳排放，加上游产业链传递的碳排放责任，再减去传递给下游的碳排放责任，即：

直接碳排放 + 上游产业链传递的碳排放责任 - 传递给下游的碳排放责任

"根据这个例子，我们可以计算出 50 + 100 + 50 + 300 + 150 - 550 = 100（克），最终归属于当乐食品厂生产一块面包的碳排放，就只有 100 克。"

"原来，生产责任原则和消费责任原则是这么一回事，根据这两种原则来计算，得出的结果也明显不同。我这就去和面粉厂的主管商量，科学分配各自的碳责任。对了，最好是组织个会议，把各公司的主管都邀请过来，一起商讨碳责任的分配！"王总立马拨通了面粉厂的电话。

知识专栏

产品碳排放量的计量方法

（1）在生产责任原则下，产品碳排放量为生产该产品的碳排放。

（2）在消费责任原则下，产品碳排放量的计算方式如下。

产品碳排放净额 = 采购该产品所需原材料的碳排放 + 生产该产品的碳排放 - 销售该产品转移的碳排放

在采购环节，如果按照消费端承担所有碳排放的原则，上游供应商将售出的原材料相关的碳排放全部转移到企业；在生产制造环节，涉及动力燃料消耗、固定资产折旧、物料消耗等过程，会产生一定的碳排放；在销售环节，企业将产品卖出，销售环节的运输、广告宣传等过程产生的碳排放要转移给消费者。因此，用购入该产品原材料时上游供应商转移的碳排放，加上生产该产品的碳排放，再减去销售该产品转移的碳排放，就是本企业需要承担的该产品的碳排放。

知识点 08：企业内部的碳责任划分

　　除了企业间的碳责任划分，企业内部的碳责任的划分也是当乐食品厂的工作重点。只有把企业内部的碳责任分清，才能进一步明确碳减排的责任，也好激励大家各司其职，为实现碳减排的目标共同努力。

　　自从小张上次来指导以后，当乐食品厂上下都对碳排放有了更加深入的认识，提到碳减排工作，也是热情高涨、干劲十足。这天，王总通知当乐食品厂各个部门的负责人，召开了当乐食品厂第一届碳减排研讨大会，将幸福岛政府最近发布的有关碳减排工作要求和大家一起学习和讨论。说到当乐食品厂内部的碳责任划分，大家众说纷纭，一时间涌现出许多问题。

　　可持续发展部的经理小李举起手："我有一个比较可行的建议。"

　　"那请小李为大家讲讲。"

　　小李告诉大家，他在工作中结识了一些企业的可持续发展主管，有的企业开展碳排放工作已经有一段时间了，当乐食品厂可以适当借鉴这些企业的成熟经验，按照部门来划分碳排放和碳减排的责任，如图 2-13 所示。

　　"当乐食品厂内部的碳责任可以从归集和分配两个过程来看。归集就是确定咱们一共要为多少碳排放负责，分配则是把碳责任分派给各个部门，大家各自负责一部分，这样分工明确，能大大提高效率。首先是碳责任的归集，主要包括企业目前碳排放的归集和未来碳减排潜力的归集。在对碳排放进行归集时，我们要根据碳排放的链条，测量当乐食品今年究竟产生了多少碳排放。之前小张来公司指导时也对此进行了介绍。估计碳减排潜力时，则要综合人员、设备、物料、管理、技术和环境等各方面因素，估计出我们明年能减排多少。把食品厂今年的碳排放与明年预计的减排比例结合起来，就能预估出食品厂明年的合理碳排放量。"

图 2-13　按部门划分碳排放和碳减排责任

"归集好了之后，我们就可以进行碳责任的分配了。如何分配，还需要征询大家的意见。"

经过一番激烈的讨论，最终大家一致认为按职能区域来划分碳责任是比较合理、高效的，一是因为各个职能区域内部协作的程度比较高，二是因为这和当乐食品厂的管理架构相符，执行起来相对容易，可以节省不少人力、物力。王总说道："按职能区域，我们可以把当乐食品厂划分成生产区、库存区、办公区、生活区等。"

"这样划分以后，我们测出各个职能区域的碳排放量，并分开估计减排潜力，预估出各个职能区域要承担多少碳责任。"小李为大家阐述了分配的流程，流程图如图 2-14 所示。

"每个职能区域都有很多部门，各部门也要按照这个方法把碳责任细分下去，每个部门、每位员工都是碳排放工作不可或缺的一分子。"

各部门的负责人纷纷响应王总的号召："我们共同努力，把部门的碳责任认领清楚，食品厂的碳减排工作肯定不成问题。"

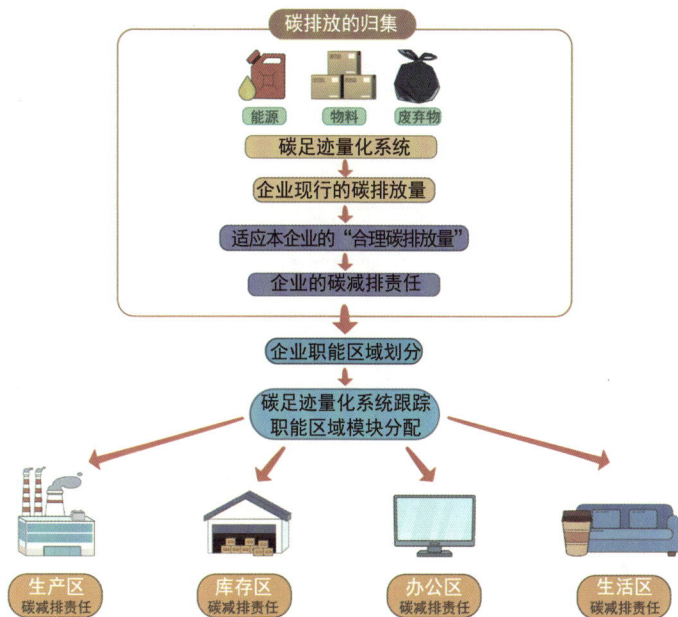

图 2-14　碳责任分配流程

自从当乐食品厂第一届碳减排研讨大会召开以后，"减碳"一时间成了公司的热词。过去员工们碰面总会聊聊业绩怎么样、产量是不是又增加了，现在最先聊的是部门的碳减排工作做得如何。

大家的努力，王总都看在眼里。关于碳确认的问题，当乐食品厂开展了很多工作，可以说是卓有成效的。不过，目前的工作大部分停留在计划层面，要想进一步推进，就离不开实施，关于碳排放的核算，还得从长计议。

知识点 09：碳盘查与碳核查

这天王总照例早早来到办公室，打开电脑，准备开始一天的工作。突然，小李急匆匆地敲门进来："王总，您有没有看到今早的新闻，隔壁快乐岛的长颈鹿科技公司碳排放数据造假，已经登上了热搜头条！"

王总打开新闻网站，只见《长颈鹿公司碳信息造假，快乐岛政府表示"零容忍"》的标题赫然在目，如图 2-15 所示。原来，快乐岛生态环境部门公布了碳排放信息弄虚作假的典型案例，长颈鹿公司作为行业中的佼佼者，这次造假事件使其负面新闻缠身，股价也下跌了不少。

图 2-15　网站页面

新闻中写道：

快乐岛长颈鹿钢铁有限责任公司（以下简称长颈鹿公司）注册地址位于快乐岛爱心市。经政府检查，长颈鹿公司存在篡改、伪造碳排放检测报告数据和关键信息的行为。主要问题如下：

一是漏报、低报碳排放水平。长颈鹿公司虚报燃煤量、外购电力等重要数据。

二是篡改、伪造检测报告。长颈鹿公司利用可编辑的检测报告模板，篡改产品碳含量检测报告的送检日期、检测日期、报告日期、报告编号等重要信息。

"长颈鹿公司伪造产品碳含量检测报告，这样一来，公司产品的碳排放量就是虚假的，又虚报了燃煤和电力数据，整体的碳排放量肯定也是错误的。"小李告诉王总，由于碳信息造假，原本发展势头正猛的长颈鹿公司如今声誉一落千丈，也受到了政府的严厉处罚。

这次碳信息造假事件，令广大公众唏嘘不已，王总也意识到碳排放信息的真实性、准确性是多么重要，就像万丈高楼的坚实地基，是一切碳减排工作顺利进行的重要保障。

为了提前应对可能出现的碳信息问题，防止类似长颈鹿公司事件的重演，幸福岛政府紧急发布通知，对企业提出了两个要求，一是碳盘查，二是碳核查。为了让幸福岛各家企业更好地理解新规定，小岛政府特地召开了一场宣讲会，为大家答疑解惑。

宣讲会上，幸福岛生态环境部门的宣讲人特别提到了最近的碳信息造假事件，并告诉大家，碳盘查与碳核查机制可以有效防止这类造假事件的发生。

王总心中疑惑，碳盘查、碳核查仅有一字之差，两者有什么不同呢？

很快，宣讲人就解答了这个问题。碳盘查是各家企业和单位按照规定自己计算生产活动中各个环节产生的碳排放。碳盘查还有一个名字，叫作编制温室气体排放清单。当然，只依靠企业进行碳盘查是不够的，政府也要进行监督，也就是需要碳核查。碳核查是由政府寻找具有资质的第三方核查机构，对企业的碳盘查报告进行审核，并出具核查报告的过程。通过碳核查，能够发现企业碳盘查中存在的问题，大大降低企业报告造假事件发生的可能性，还碳减排一片"净土"。如果说碳盘查是"内"，碳核查则是"外"，如图 2-16 所示。经过企业内部和外部共同的努力，就更能保障碳信息的真实性了。

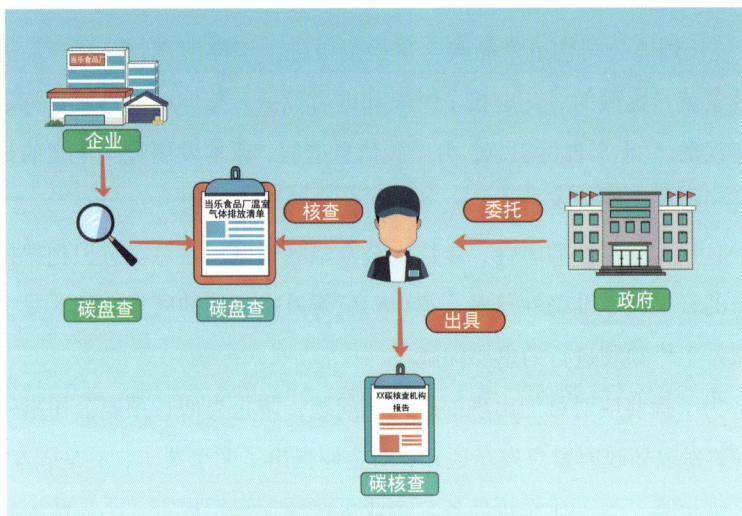

图 2-16　碳盘查与碳核查

"为了保障碳排放的真实准确，我们生态环境部建立了全新的管理机制——MRV 体系，专门针对碳排放数据进行核查，依托这个体系，幸福岛的碳减排工作会越做越好，距离碳达峰、碳中和的目标也会越来越近。"宣讲人自豪地说。

"M 是 measuring，也就是测量。接下来我们会发布标准化的指南和核算方法，既方便大家进行核算，也订立统一的标准，便于我们管理。咱们小岛的企业要根据指南测量自己的碳排放数据，做到准确、科学。

"R 是 reporting，也就是报告。幸福岛的企业要真实、完整地对自己的测量结果进行报告。

"V 是 verification，是核查的意思。这部分由我们授权的第三方机构来协助进行，对大家的碳信息数据和报告进行核查，保障数据是真实可信的。

"这样就构建了企业先自查报告，政府再核查的双重保障体系。归根结底，碳信息的质量需要政府和各企业共同的努力。"

王总和小李从发布会回来之后，就立即着手组织开展碳盘查工作，用王总的话说，这是"笨鸟先飞"，做好企业的碳盘查工作，不给政府和人民添麻烦！

知识专栏

企业碳盘查标准

碳盘查是指以政府、企业等为单位计算其在社会和生产活动中各环节直接或者间接排放的温室气体，称作碳盘查，也可称作编制温室气体排放清单。

目前国内外广泛使用的碳盘查标准是世界资源研究所和世界可持续发展工商理事会发布的《温室气体议定书企业准则》（GHG Protocol）和 ISO-14064 温室气体核证标准。

知识专栏

企业碳核查标准

碳核查是由政府根据碳减排工作的要求，在指定的时间委派具有资质和公信力的第三方，完成指定时间段的碳核查工作，包括识别企业碳排放的源头、数据收集、核算、查漏补缺和报告等一系列核查工作。第三方核查机构必须获得主管机构备案与颁发的核查资质。

我国碳核查的标准规范由国家发改委发布的 24 个行业企业温室气体排放核算和报告指南，以及正在起草的国家碳排放第三方核查指南组成。

知识专栏

MRV 体系

MRV 是指碳排放的量化与数据质量保证的过程，包括测量（monitoring）、报告（reporting）、核查（verfication）。

依据世界资源研究所的标准，MRV 管理机制主要由测量、报告与核查三部分组成。

（1）测量（M）

依据标准化的指南及核算方法学统计并测量温室气体排放数据，保证温室气体排放数据的准确性和科学性。

（2）报告（R）

在保证温室气体排放数据的准确性和科学性的前提下，还应设置一套温室气体报告规则，要求达到规定门槛的企业或设施参与报告工作。

（3）核查（V）

第三方核查机构对温室气体排放数据的收集和报告工作进行周期性的核查，帮助监管部门最大限度地把控数据的准确性和可靠性，提升温室气体排放报告的可信度。

知识点 10：碳核算

自从小岛政府发布了碳盘查的通知，当乐食品厂的碳排放统计工作就开展得如火如荼，但是大家也遇到了一个棘手的问题，就是如何合理地计算碳排放量。毕竟如果不能恰当地计算碳排放量，就不能满足碳盘查的基本要求，后续的碳减排、碳抵消等活动也就无从谈起。

小李通过查阅资料和咨询生态环境部得知，目前碳排放量的核算主要有两种方式，即碳计量法和实测法，两种方法各有优劣。王总得知后，特地召集了技术部门的负责人，共同商讨当乐食品厂的碳核算方法。

小李告诉大家："碳计量法就是先把咱们食品厂的生产活动划分成若干个流程，然后用现有的数据和公式，估算出每个流程的碳排放量，再相加就得到了总的碳排放量。碳计量法主要包括排放因子法和质量平衡法两种方法，这两种方法都非常实用。

"排放因子法在咱们幸福岛上应用得最广。所谓排放因子，就是每一种能源燃烧或使用过程中单位能源所产生的碳排放。其基本计算方法是：

温室气体（GHG）排放 = 活动数据（AD）× 排放因子（EF）

以生产面包的搅拌面团过程为例。搅拌机是靠电力运作的，目前幸福岛生态环境部给出的碳排放因子为 0.6101 千克/度，也就是说，搅拌机每使用 1 度电，就会产生 0.6101 千克的二氧化碳排放。

"质量平衡法则是根据原料含碳量和产品的含碳量来计算化学反应里释放的二氧化碳，这种计算方法更适合化学工业企业，简单来说，就是：

温室气体 =（原料含碳量 – 产品含碳量）× 44/12

这里的"44/12"，指的是二氧化碳与碳的相对分子质量比值。例如，我们小岛的幸福化工厂生产标准电石（按月计），原料需要兰炭，原料的含碳量为 21871 千克，产出的标准电石含碳量为 9305 千克，那么当月该企业二氧化碳排放量为 46075 千克，也就是（21871 – 9305）× 44/12 ≈ 46075（千克）。对于咱们当乐食品厂来说，面包的生产并非含碳原料的简单化学反应，而是较为复杂的过程，使用质量平衡法进行计算的话，就不合适。因此，比起质量平衡法，当乐食品厂还是选择排放因子法更合适。"

"碳计量法里面，有一些需要估算的地方，是否会对咱们数据的准确性造成一定的影响呢？"王总问道。

"碳计量法确实会出现数据误差的情况，这就出现了第二种方法，也就是实测法。"小李解释道："实测法就是借助最新的设备和技术，真切地去测量咱们食品厂排放了多少温室气体。实测法又可以分成非现场测量和现场测量。顾名思义，非现场测量是我们采集样品送到幸福岛的碳监测部门，利用检测设备和技术进行分析。现场测量一般是在厂区安装碳监测设备，通过连续监测碳排放的浓度和流速，直接测量碳排放量，如图 2-17 所示。除此之外，现在最新款的监测系统还可以把我们食品厂的排放数据上传至网络平台，这样幸福岛的监管部门就能够掌握不同区域、不同企业的实时碳排放数据详情，大大提升碳排放统计的准确性。"

图 2-17　实测法

"果然是科技改变生活。"众人纷纷感叹科技发展之迅速，现在已经可以应用如此先进的碳排放监测仪器了。经过一番商讨，大家一致赞同根据当乐食品厂的特点，主要使用碳计量法中的排放因子法进行碳核算，未来有条件的话可以逐步引入实测法。选择排放因子法作为主要方法，是因为当乐食品厂在生产区、库存区、办公区和生活区主要使用的是电力和燃烧汽油、天然气，而电力度数、汽油升数和天然气的量都是可以计量的，因此使用排放因子法，可以方便地计算出碳排放量。

知识点 11：碳排放系数

在排放因子法中，碳排放因子的确定是一个关键问题，只有采用了恰当的碳排放因子，也就是碳排放系数，才能准确地开展碳核算工作。实际上，碳排放系数指的是每一种能源在燃烧或使用过程中，单位能源所产生的碳排放数量。

"食品厂要使用排放因子法来计算碳排放量的话，应该怎么获得碳排放系数呢？"

小李笑了笑："这个问题咱们不用担心，幸福岛生态环境研究院已经发布了各类能源在各种消耗状态下的碳排放系数，咱们只需要按照具体情况选择采用就好。"

经过这次技术研讨，当乐食品厂的碳确认工作终于步入了正轨。

知识专栏

碳排放系数

（1）概念

碳排放系数是指每一种能源在燃烧或使用过程中，单位能源所产生的碳排放数量。根据联合国政府间气候变化专门委员会（IPCC）的规定，可以认为某种能源的碳排放系数是固定的。

碳排放系数通常是指二氧化碳的排放系数。甲烷等其他温室气体，一般折算成二氧化碳后再参与计算。在碳排放核算过程中，运用碳排放系数计算各个阶段的排放量。

（2）主要能源的碳排放系数

能源消费主要包括煤炭、汽油、柴油、天然气、煤油、燃料油、原油、电力和焦炭九大类。

在计算碳排放量时，须将能源的消耗量转换为标准统计量后，再乘以对应的碳排放系数。每种能源都对应不同的标准统计量换算值和碳排放系数，具体见下表。

以煤炭为例，消耗 1 千克煤炭产生的碳排放量为：

$$1 \times 0.7143 \times 0.7476 \approx 0.534 （千克）$$

即消耗 1 千克煤炭，会产生 0.534 千克的碳排放。

表　能源消费标准统计量换算值和碳排放系数

能源消费种类	标准统计量换算	碳排放系数
煤炭	0.7143 千克标准煤/千克	0.7476 吨碳/吨标准煤
汽油	1.4714 千克标准煤/千克	0.5532 吨碳/吨标准煤
柴油	1.4571 千克标准煤/千克	0.5913 吨碳/吨标准煤
天然气	1.3300 吨标准煤/万立方米	0.4479 吨碳/吨标准煤
煤油	1.4714 千克标准煤/千克	0.3416 吨碳/吨标准煤
燃料油	1.4286 千克标准煤/千克	0.6176 吨碳/吨标准煤
原油	1.4286 千克标准煤/千克	0.5854 吨碳吨标准煤
电力	1.229 吨标准煤/万千瓦时	2.2132 吨碳/吨标准煤
焦炭	0.9714 千克标准煤/千克	0.1128 吨碳/吨标准煤

（3）碳排放系数的选取

1. 一般燃料品种能耗的排放因子的选取

由于碳排放量是由活动量乘以排放系数而得，一般燃料品种能耗的排放因子的选取可以考虑 IPCC 指南的建议。

2. 电力、热力消费排放因子的选取

在各能源品种中，电力、热力消费容易引起重复计算，判定标准是看生产电力和热力时是否已经进行了核算，如果已经进行了核算，就不需要再次核算。电力、热力的消费量较大，对碳排放总量有着重要影响。

3. 有关交通出行的碳排放系数

关于城市交通碳排放的测量指标主要可分为两种。一种是采用燃料碳排放系数，通过计算各种交通方式的行车里程乘以每公里燃料消费量得到燃料消费总量，然后乘以燃料碳排放系数，计算得到碳排放量。另一种方法是各种科研机构通过采用多种数学模型直接计算各种交通方式的碳排放因子，通过计算各种交通方式的行车里程与其碳排放因子的乘积，可直接计算得到碳排放量。

思考与练习

1. 讲讲自己身边的碳排放，这些碳排放中有哪些是人为排放？

2. 当乐食品厂的生活区主要有食堂、员工宿舍和锅炉房，请找出生活区的碳排放，并说说生活区的碳排放属于范围一、范围二还是范围三的排放？

3. 糖糖妈妈最近购入了一部全新的幸福牌第四代智能手机，你能试着描述这部手机的产品碳足迹吗？

4. 在当乐食品厂企业碳足迹的基础上，请结合实际，试着分析食品厂的重要供货商——面粉厂的企业碳足迹。

5. 对于面粉厂的碳排放，请按照范围一、范围二和范围三的分类原则，进行基本分类。这些碳排放中，哪些属于直接排放，哪些属于间接排放？

6. 假设面粉厂本月生产了一批面粉并销售给当乐食品厂，为此直接产生碳排放 500 千克二氧化碳当量，这批面粉的碳排放含量为 600 千克二氧化碳当量，为生产这批面粉而购买的小麦的碳排放为 450 千克二氧化碳当量。请你分别按照生产责任原则和消费责任原则计算面粉厂要为这批面粉承担多少的碳排放责任。

7. 食品厂财务办公室本月耗电 2000 度，请用碳排放因子法，计算本月财务办公室在用电方面产生了多少碳排放（电力碳排放因子为 0.6101 千克/度）。

精彩动画扫码看

第二集
幸福岛碳确认

第三章

碳 减 排

当小岛上的企业明晰自己的碳排放责任后，企业就应该采取实质性行动，进入下一步——碳减排。

王总经营的当乐食品厂一直在积极响应"双碳"目标，但在企业如何更有效地进行碳减排方面，王总觉得企业仍有改进空间，也想知道自己的工厂是否还能为碳减排出力，但又不知道具体应该怎样做合适，如图 3-1 所示。正在王总为此困扰的时候，他看到了关于组织召开"双碳"

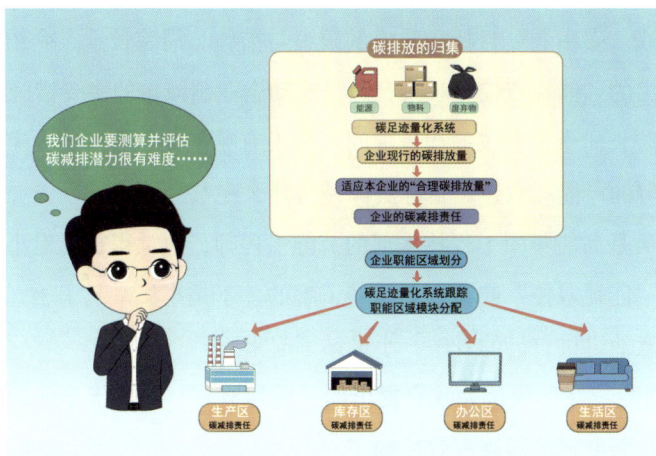

图 3-1　王总思考企业碳减排改进空间

研讨交流会的通知，觉得这是一个不容错过的好机会，于是立马决定派小李前去参会学习。

这次"双碳"研讨交流会是幸福岛政府组织的，会议邀请了清洁能源研究院的周院长来做报告，同时对各个参会企业代表提出的问题进行解答并给出相应的碳减排建议。政府希望能够通过这次会议帮助小岛上不同行业的企业在实现低碳发展方面"对症下药"——找到合适的碳减排路径。

知识点 01：能耗双控

早上九点半，研讨交流会如期举行，会议报告厅内坐满了前来参会的不同行业的企业代表。周院长先是做了以《聚焦气候变化，探讨"双碳"目标下幸福岛企业碳减排之路》为题的报告。

在报告中，周院长首先对小岛目前的环境问题及其产生原因作出解释，强调节能减排的必要性。而后，他开始向与会代表阐述小岛提出的"碳达峰、碳中和"目标和政府的政策与措施。周院长重点介绍了小岛政府提出的"能耗双控"政策，这是推动企业碳减排的主要措施。

周院长向参加会议的代表提问："有没有哪位代表可以给大家讲一下自己理解的'能耗双控'目标具体是指什么呢？"

小吴是岛能集团工程技术部的节能工程师，他觉得自己对小岛政府提出的"能耗双控"政策还是比较了解的。于是小吴举起了手，周院长点头示意他讲讲自己的看法，小吴站了起来。

"周院长好，我认为政府提出的'能耗双控'就是指企业的能源消耗总量与强度都能够被有效控制。"

"对，抓住了重点。既然是'双控'，那要控制的内容得有两个，一个是能源消费总量，也就是将各种使用的能源换算为以'标准煤'为单位后进行汇总；另一个是能耗强度，用'万元产值能耗'也就是'创造单位小岛生产总值所消耗的能量'来衡量。企业产生能源消耗是为了产品生产与销售，因此不能只考虑企业消耗能源的总和，也要将生产活动成果与能源的消耗进行比较，不然一些生产销售量大的企业会认为只控制能源消耗总量是不公平的。并且我们幸福岛对于不同区域的要求是不一样的。例如，对于光明区来说，今年的能源消费总量控制目标是40万吨标准煤，相对于2023年的能耗强度目标降低3%。"

小李提问："这是不是说，今年光明区生产生活消费的各种能源总和是不能超过40万吨标准煤的，并且每生产一个单位的地区生产总值所消费的能源应该比2023年低3%？"

周院长点点头说："对，你理解得很正确。"

之前小李只是听过"能耗双控"这个词，但对它的内容并不是很了解，尤其是"能耗强度"。听了周院长的解释，他明白"能耗强度"究竟是指什么了。

"降低能耗强度、能源消费总量是我们小岛共同的目标。但如果只制定整个小岛的大目标的话，范围太广了，大家会觉得'能耗双控'与自己关系不大，都希望其他地区多承担一些减碳责任。于是政府规定将目标分解到各地区与各企业，并严格进行考核。当大家都完成各自的小目标了，汇总起来我们的大目标也就能实现了。"

知识专栏

高耗能行业

高耗能是指在生产过程中耗费大量的能源，如煤、电、油、水、天然气等。高耗能行业主要包括以下六大行业：电力热力的生产和供应业、石油加工炼焦及核燃料加工业、化学原料及化学制品制造业、有色金属冶炼及压延加工业、黑色金属冶炼及压延加工业、非金属矿物制品业。幸福岛上的高耗能行业如图3-2所示。

图 3-2   幸福岛上的高耗能行业

知识专栏

2020 年中国主要行业二氧化碳排放占比

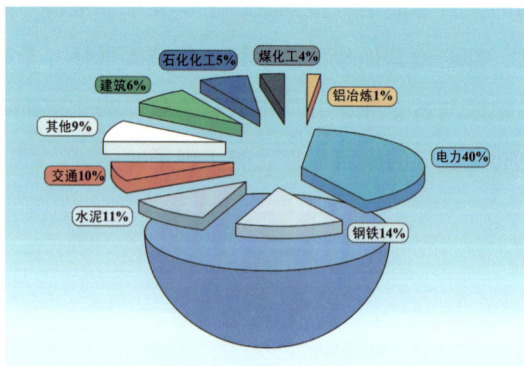

图 3-3   2020 年中国主要行业二氧化碳排放占比

知识点 02：由"能耗双控"向"碳排放双控"转变

周院长接着说道："虽然'能耗双控'政策从某些方面来看确实取得了一定成效，但不可否认的是，这一政策在实施的过程中确实存在着一些不完善的地方。有没有企业在执行过程中遇到了一些困难呢？"

小孙是"幸福岛"钢铁集团的生产经理，她想起了自己企业在生产旺季不得已拉闸限电的事情。

图 3-4　"幸福岛"钢铁集团遇到的困难

"周院长，我们企业遇到过一些问题。"

"请讲。"

"之前我们钢铁厂有较重的生产任务的时候，接到通知要求我们停电停产。虽然我们也希望能够积极响应小岛的'能耗双控'政策，但被迫停产对我们的影响还是很大的。"

"对，这位代表指出的'拉闸限电'问题我相信很多企业也有类似经历，前一阵子还受到了许多媒体的报道与关注。有些地区高能耗企业多，能源消耗量大，一旦超过政府的规定，就可能出现'关掉电闸'停产的问题。'能耗双控'是为了控制能源消耗的增长，但如果消耗的是绿色能源，这种能源消耗不会产生碳排放，那么不仅不需要限制，反而应该越多越好。我想问问大家，有没有听过'碳排放双控'这个政策呢？"

周院长看到代表中有人摇头、有人点头。

"其实政府在意识到问题之后，强调的是由'能耗双控'向'碳排放双控'转变，也就是尽早实现向碳排放总量和强度'双控'转变。"

周院长拿起桌子上事先准备好的一份名为《完善能源消费强度和总量双控制度方案》的文件，继续讲道："简单来说，管控能耗的目的是控制排放。而新政策强调了新增可再生能源可以不被计入能源消费总量控制，也就是鼓励企业多使用污染小、碳排放少的新能源。在保持碳排放不变的情况下，新能源的使用提高了企业产量，创造了更大的社会价值，同时也会显著提高各岛，尤其是'能耗双控'紧张地区使用可再生能源的积极性。"从控制能耗总量向控制碳排放总量转变如图 3-5 所示。

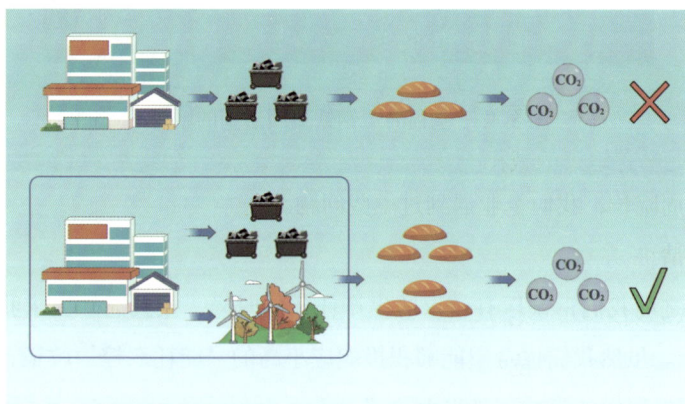

图 3-5　从控制能耗总量向控制碳排放总量转变

知识点 03：技术路径

"我想大家都非常希望幸福岛能够成为一个'碳中和'的小岛。要想重新找回蓝天，不再受到海平面上升的威胁，实现'双碳'目标，科学技术是保障。大家知道哪些低碳技术呢？"

岛能集团的小吴脱口而出："负碳技术！"

周院长点点头说："看来大家关心的都是前沿技术啊。其实小岛政府规划的技术路径是循序渐进的，大家提到的负碳技术属于远期的技术目标。从近期看，以'节约能源、提高效率'为代表的传统低碳技术是小岛实现'碳达峰'的优先技术选择。"

周院长身后的幻灯片上标明了近期技术路径的具体发展建议：大力发展以资源节约和循环利用为特征、与环境和谐的经济发展模式，深入推进工业、建筑、交通等领域低碳转型，做好工业通用节能设备升级，鼓励超低能耗及近零能耗建筑建设和使用节能绿色建材，推广低碳交通，大力发展公共交通，少开车以实现绿色出行。

"从中长期来看，可再生能源、绿氢（可再生能源分解水得到的氢气）等零碳新能源的发展是我们实现碳中和愿景的主要技术手段。中长期要实现更有效果的减排，必须加快提供零碳能源，大力发展各种零碳能源，如风能；将耗能设备从消耗化石燃料转为消耗电能或采用零碳燃料替代的方法，快速降低化石燃料的消耗量。

"从远期来看，碳捕集利用和封存等负碳技术是实现碳中和目标、建设零碳企业的必要技术保障。因为存在不可避免的碳排放，所以需要捕集利用和封存技术来处理这部分碳排放。在这里简单向大家解释一下碳捕集利用和封存技术。'碳捕集'就是将二氧化碳从工业生产排出的混合气体中提取出来，'利用'是指将捕捉到的二氧化碳提纯后，投入新的生产过程进行循环再利用。而'封存'是将捕获、压缩的二氧化碳通过管道、罐车等方式运输，最后注入地下岩层进行封存的技术，如图 3-6 所示。当然，负碳技术仍需要进一步的研究和改进，目前还面临许多关键技术难题，等到技术成熟后就可以在远期实现更大规模和更完整工业流程的应用，实现'碳中和'目标。"

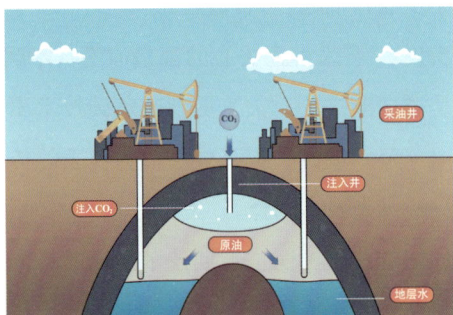

图 3-6　封存技术

知识专栏

零 碳 企 业

企业通过编制温室气体排放清单获得自身的碳排放数据后，通过节能改造，以及对外投资温室气体减排项目来抵减碳排放，使企业碳排放为零，则该企业可视为零碳企业。

知识点 04：电力行业减排技术

在休息了 15 分钟后，周院长报告的第二部分开始了。

周院长讲到，虽然企业在生产过程中都会产生一定的碳排放，但不同行业的企业碳排放来源是不同的，碳减排技术也存在差异。在这里有必要针对不同性质的企业讲一讲合适的减排技术。在所有的行业中，电力及热能行业的二氧化碳排放量始终居于首位，因此先讲一下电力行业的减排措施。

"我想先问一下，在座的代表们有没有哪位是来自电力行业的？"

小冯是智电能源工程技术部的节能工程师，他举起了手。

"那能不能请你先讲一讲你们企业的碳排放主要是哪些环节产生的呢？"

小冯答道："我们火电企业的生产工序主要是制粉、燃烧、加热、做功和转化。在这些生产工序中，只有燃烧煤粉环节会直接产生二氧化碳。因为燃烧不同种煤产生的温室气体量略有不同，所以我们按照平均值计算出大致是燃烧 1 吨标准煤约排放 2.86 吨二氧化碳。还有就是在燃料生产与运输过程中，以及脱去燃料中的二氧化硫时会间接产生二氧化碳。"

"小冯不愧是节能工程师啊，对企业的碳排放很了解。那可以再谈一谈智电能源为了减排做出了哪些努力吗？"

小冯想了想，回答道："目前我们企业关停了部分老旧的发电机器，并且企业以前对于各类机组的使用是按照平均分配小时数的模式进行，也就是每类机组使用时间相似，但现在我们改变了这种模式，优先安排高效、低污染机组发电。"

周院长点了点头："很好，大家都知道燃煤发电产生的温室气体排放量是很大的，降低发电耗煤的做法是可取的。电力行业应集中精力加快技术改造，推进火电，也就是燃煤发电减排，实施'绿色煤电'计划。而这些将主要依靠开发煤的清洁转化高效利用技术和提高燃煤发电效率实现，其中提高燃煤发电效率能实现约 15% 的减排。这种新建燃煤机组在提供电能时消耗的煤炭比目前全岛平均供电煤耗要低19%，但比起利用液化气、天然气等可燃气体为燃烧物来代替汽油柴油的新能源发电机，它每发一度电产生的二氧化碳排放量仍会高出25%左右。此外，比起燃煤发电机组的改进，利用可再生能源发电更加高效。因此，除推广使用燃气机组之外，风电、太阳能发电、水力发电，甚至地热发电与潮汐发电都应该持续推进。"

周院长接着讲道："说到可再生能源，大家知道可再生能源有哪些优缺点吗？"

来自青山风电的小董说道："那我以风力发电为例吧。首先，风能作为清洁能源，储量丰富；其次，风能不需要常规燃料或核电站所需的核材料，就能够产生电力；最后，风力发电实际占地少，对地形要求低。但是风能发电也存在问题：一是在生态上干扰鸟类；二是许多地区的风力无法长久保持，时有时无；三是进行风力发电时，风力发电机会产生大量噪声。"如图3-7所示。

图3-7　风力发电

"很好，这位代表说出了风能的优缺点，其他能源也是如此。目前，太阳能光伏发电的应用也很广泛了，它安全可靠、无噪声、无污染排放、干净而且不受资源分布地域的限制，也可以利用建筑屋面进行发电。但光伏发电也存在缺点：一是太阳照射的能量小，光伏板要占用很大的面积；二是获得的能源同四季、昼夜及阴晴等气象条件有关；三是光伏板的制造过程不环保。比方说，硅太阳能电池板在生产过程中会产生大量废水，这些废水的酸或碱性极强，会破坏环境。"

"我打印了一些关于可再生能源优缺点的说明，不同行业在选择利用何种清洁能源前应该先对其有充分的了解。"周院长示意助理把资料发给每一位代表。

知识专栏

发展新能源

新能源是指传统能源之外的各种能源，如风能、水能、生物质能、地热能、海洋能等。

1. 风能

风是地球上的一种自然现象，是由太阳辐射热引起的。太阳照射到地球表面，地球表面各处受热不同，产生温差，从而引起大气的对流运动形成风。风能就是空气的动能，风能的大小取决于风速和空气的密度。风能是可再生的清洁能源，储量大、分布广，但它的能量密度低（只有水能的 1/800），并且不稳定。在一定的技术条件下，风能可作为一种重要的能源加以开发利用，通过风力机将风的动能转化成机械能、电能和热能等。

2. 水能

水能是清洁能源，也是绿色能源，是指水体的动能（物质运动时得到的能量）、势能（储存于一个系统内的能量，也可以释放或者转化为其他形式的能量）和压力能等能量资源。现代的水能利用，主要是利用水能进行发电，也就是水力发电。水力发电的优点是成本低、可连续再生、无污染。水力发电的缺点是分布受水文、气候、地貌等自然条件的限制大，容易受地形、气候等多方面因素的影响。

3. 生物质能

生物质能就是太阳能以化学能形式贮存在生物质中的能量形式，即以生物质为载体的能量。生物质能直接或间接地来源于绿色植物的光合作用，可转化为常规的固态、液态和气态燃料，是一种可再生能源。当前较为有效地利用生物质能的方式有两种。①制取沼气。主要是利用城乡有机垃圾、秸秆、水、人畜粪便，通过厌氧消化产生可燃气体甲烷，供生活、生产之用。②利用生物质制取酒精。

4. 地热能

地热能是由地壳抽取的天然热能，这种能量来自地球内部的熔岩，并以热力形式存在，是引致火山爆发及地震的能量。如图 3-8 所示，地热发电的优点是可再生、分布广泛、蕴藏量丰富、单位成本低、建造地

图 3-8   地热发电

热厂时间短且容易。地热能发电的缺点是资金投资大、受地域限制、热效率低，同时一些有毒气体会随着热气喷入空气中，造成空气污染。

5. 海洋能

海洋能是一种蕴藏在海洋中的可再生能源，包括潮汐能、波浪能和温差能。潮汐能主要是指在涨潮和落潮过程中产生的势能，主要用于发电。波浪能是海洋表面波浪所具有的动能和势能，主要用于发电，同时也可用于输送和抽运水、供暖、海水脱盐和制造氢气。温差能是指海洋表层海水和深层海水之间水温差的热能，主要用于发电。

知识专栏

绿　　电

绿电是在生产电力的过程中，其二氧化碳排放量为零或趋近于零，相较于其他方式（如火力发电），它对于环境的影响较小。绿电的主要来源为太阳能、风能、生物质能、地热能等。

知识点 05：钢铁行业减排技术

"关于可再生能源，大家可以在会议结束后深入学习。现在我们继续来说说其他行业的减排技术路径。"

小孙又举起了写着"幸福岛钢铁集团"的手牌，周院长点头示意她站起来提问。

"周院长您好，我们企业属于钢铁行业中的长流程钢铁生产。如图 3-9 所示，主要工序是先准备炼钢原料，然后经高炉（一种炼铁设备）还原冶炼得到液态铁水，经过铁水预处理后进入转炉（一种炼钢设备），去除杂质后倒入钢包（储存、转运钢水的容器），二次精炼使钢水纯洁化后凝固成型，最后轧制成钢。温室气体的产生主要出现在两个方面，一是生产过程中化学反应所排放的废气，如石灰焙烧（石灰在低于物料熔化温度下完成某种化学反应）、钢铁冶炼和钢铁酸洗（钢铁在一定浓度的酸性溶液中酸洗来清洁金属表面的杂质）过程中产生的废气。二是化石燃料在炉、窑中燃烧产生的废气。此外，就是企业运转消耗的电力也是间接碳排放的来源。针对这些碳排放问题，目前我们企业正联合其他相关企业与研究机构大力研发低碳炼钢工艺。您觉得我们钢铁行业在减排方面还需要做些什么呢？"

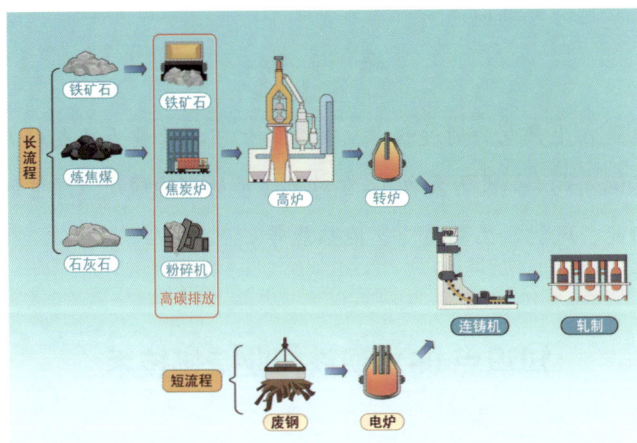

图 3-9   钢铁行业生产流程

"好，请坐。我们都知道钢铁行业的温室气体排放量也是不小的，钢铁行业的碳减排也需要重视。首先，我们应该持续推广节能减排技术。现阶段，我国钢铁行业的低碳转型主要是基于现有生产技术改进优化利用，提升能源使用效率的节能减排技术。

"其次，'长流程'转'短流程'是碳排放减少的首选技术路线之一。

长流程炼钢时需要在高炉中用焦炭加热来炼铁矿石出钢，而短流程炼钢是用电直接融化废钢再重新铸造出钢。短流程在环保方面是优于长流程的。因此我们应该建立完善废钢回收体系，实现短流程炼钢比例的逐年增长，这样能有效降低钢铁行业的碳排放。

"最后，钢铁行业还应该进行超低碳生产技术的研发与应用。一是开发碳捕集利用与封存生产工艺，主要是指将二氧化碳从工业排放源（向环境中排放污染物的场所、设施或装置）中分离以及直接加以利用或封存；二是利用以氢基炼钢为代表的新型冶炼技术。氢基炼钢的核心原理是在炼钢过程中使用氢气替代焦炭作为还原剂，因为还原产物为水，没有二氧化碳排放，所以这被认为是迄今为止钢铁行业最有效的减排技术之一。"

周院长介绍的这些内容引起了小孙极大的兴趣，她一边听一边记录周院长提到的减排技术。

知识点 06：制造业减排路径

小李听了周院长的介绍后，迫切想听听周院长对于面包厂所处的制造业的减排建议，于是他主动举手提问。

"周院长您好，我是来自幸福岛当乐食品厂的代表小李。我先以面包的生产为例来讲讲我们食品制造业的生产流程。首先我们需要对原料和辅料进行调配，然后进行第一次和面发酵与第二次面团调制处理及发酵，接下来进行面团形状的调整以及固定成需要的形状，然后进行烤前的加工处理，接下来就是烘烤，最后等到温度降低后进行包装。其实对于我们食品制造企业来说，碳排放没有钢铁行业那么多，而且我们的生产流程并不是主要的温室气体来源，我们的碳排放来源主要是在生产车间的电力消耗和产品运输过程中。同其他企业一样，我们也一直希望能够实现企业的低碳化生产，并且我们企业在政府派来的碳排放专员的协助下积极践行一系列减排措施。主要是围绕'节能'展开的，通过减少生产流程中的能源浪费来减少排放。我想听听您对食品制造业'减碳'有什么建议？"

"当乐食品厂可算是我们小岛知名的食品厂了，我非常喜欢你们企业生产的面包，很好吃啊。"

大家笑了起来。

"其实刚刚已经讲过钢铁行业的减排了，钢铁行业属于制造业中的碳排大户了。但食品厂也属于制造业，那我现在就来讲讲这一类制造业企业的减排路径。对于当乐食品厂来说，因为生产流程中直接产生的碳排放比较少，所以减排重点不在于机器设备的改造等。首先，食品厂可以利用先进的技术、设备、平台等提升生产管理效率，减小能耗。

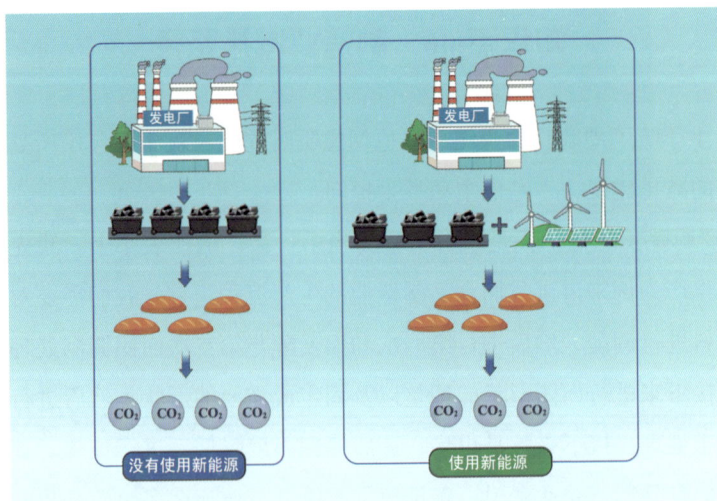

图 3-10   当乐食品厂使用新能源前后对比

　　"其次，食品厂还应该注重实现全产业链，也就是从供应商到制造商再到分销商这一链条上所有产业部门的低碳化，争取产业链上的每一个环节都实现碳中和。在原料的选取上，可以就近选择供货商并尽量选择天然材料；在产品生产上，完善生产流程，对设备定期进行保养；在产品包装方面，要精简包装，包装减量或使用环保包装材料；在分销运输上，可以制订完善的供货计划，减少重复运输，并且应当注意废弃物的再生利用。我们还应该多利用新能源，将'低碳'理念落实到各个环节。

　　"最后，食品厂生产出来的产品还可以进行碳认证，贴上碳标签，让咱们的面包不仅好吃还绿色低碳！"

知识专栏

碳　认　证

　　通过向产品授予低碳标志，鼓励消费者采购低碳产品，以公众低碳的消费选择引导和鼓励企业开发低碳技术，向低碳生产模式转变，最终降低碳排放。

知识专栏

碳　标　签

　　碳标签（Carbon Labelling）是为了缓解气候变化，减少温室气体（Greenhouse Gases，GHG）的排放，推广低碳排放技术，把商品在生产过程中所排放的温室气体排放量在产品标签上用量化的指数标示出来，以标签的形式告知消费者产品的碳排放信息，如图3-11所示。

图 3-11　碳标签

知识点 07：建筑行业减排途径

周院长在解答完小李的问题后问道："在座的有没有来自晨光城建集团的企业代表呢？"

丁代表站了起来说："周院长好，我是晨光集团的参会代表。"

"你好，我想请你来向大家介绍一下你们公司总部大楼的节能设计。"

"我们总部的大楼外面是由光伏板组成的，采用太阳能发电模式。大楼的造型与色彩设计具有现代特色，功能设计上充分考虑了现代化、环保化、智能化与节能化。"

周院长的助理将幻灯片换到最新一页，展示晨光城建集团总部大楼的照片，如图 3-12 所示。

"大家可以看到晨光集团总部大楼的建筑是很有特色的。作为我们小岛的一项示范性项目，晨光集团总部大楼坚持低碳、环保的设计理念，采用雨水回收、自然采光、光伏发电等一系列绿色技术，具有节能、舒适、高效等特点。其中光伏发电部分，采用高效太阳能电池组件，年发电量 42 万度，提供大楼内 23% 的电力。大家会不会和我一样觉得这栋大楼的设计很'酷'呢？"

图 3-12　集光城建集团大楼

大家都新奇地看着图片上的建筑，频频点头。

"接下来我想谈一谈建筑行业的减排路径。建筑部门减排控碳主要有两大途径。一是进行能源替换，增加清洁能源及低碳技术在公共建筑中的应用。这点晨光集团就做得很好，其他企业也可以根据实际情况来选择光伏建筑一体化或者建筑外表皮采用光伏系统，比如，屋顶采用太阳能光伏板、光伏瓦，外墙采用光伏幕墙等绿色建材。这些绿色建材不仅符合建筑的美观度、安全性、功能性、舒适性等要求，还将主动产能与被动节能技术相结合，在解决用电用能需求上起到开源节流的作用。室内可以使用智能新风系统（具备对二氧化碳浓度进行监测与分析功能）、毛细管空调系统（使用毛细管网，以水为媒介，具有高效节能的特点）、地源热泵系统（以地球表面浅层地热资源为冷热源，进行能量转换的供暖空调系统）等节能设备。

"二是加快建筑数字化建设。也就是利用大数据、人工智能等信息技术带领产业转型升级，并结合先进的建造理论方法，加上人员、流程、数据、技术与业务系统，实现数据科学技术与建筑的融合。晨光集团可以在企业内部安装电能实时自动监控系统，对设施用电进行不间断监测，再通过手机软件或是微信将异常数据发送给设备管理人员，实现对用电用量的智能化节能管理。"

知识专栏

绿 色 建 筑

指在全寿命周期内，节约资源、保护环境、减少污染，为人们提供健康、适用、高效的使用空间，最大限度地实现人与自然和谐共生的高质量建筑。

知识点 08：交通部门碳减排技术

"在开始下一个行业的讲解之前，我想先问大家几个问题。在座的代表选用公共交通工具上下班的有多少人呢？"

只有极个别的代表举起了手。

"好，看来大多数人还是会选择开车通勤。那目前使用电动汽车出行的有多少人呢？"

依然没有几位代表举手。

周院长笑了笑，感叹道："看来低碳交通道阻且长啊。不知道大家有没有关注前一阵子在智慧岛举办《小岛间气候变化框架公约》第十五次大会时的一个新闻，在这次大会上很多小岛的政要都承诺了减排目标，但是有大约 400 架私人飞机搭载了多个小岛的政要和商界人士飞往智慧岛参加这次会议，预计二氧化碳排放量约为 1.3 万吨。这说明很多地区的减排承诺与实际行动是不相符的。

"上下班通勤、出差的过程也会产生大量碳排放，因此，交通行业也需要为了减少碳排放而做出改变，提供更加低碳的交通工具。在这方面，交通部门可以采取以下几点。

"第一，采用替代燃料技术。推广电动汽车是道路运输中最重要的减碳技术路线。我们已经在岛上看到许多电动公共汽车了，未来还可以进一步扩大使用范围。

"第二，利用好节能技术。能效提升技术对道路运输的节能减排有极大促进作用。我们幸福岛可以对汽车制造商生产的汽车进行严格的能效管控，并大力发展核心节能技术。

"第三，使用颠覆性技术。我们可以借助自动驾驶技术和智能网联系统，促进车路协同，也就是利用无线通信和互联网等技术促进车与车之间、车与人之间的信息传递，提升道路运输效率，达到降低道路运输碳排放的目的。同时也鼓励人们出行乘坐公共交通，方便时多选择拼单出行，如图 3-13 所示。

图 3-13　鼓励公共交通、鼓励拼单出行

在交通部门提供低碳的交通工具的同时，我们每个人也应该主动选择低碳的出行方式。大家作为各行业的企业代表也应该起到带头作用，用自己的行动去影响其他人。"

知识点 09：碳税

"除此以外，我们小岛政府也在计划利用政策工具来应对气候变化，推动节能减排。"

小李举手提问："周院长，您指的是'碳税'吗？"

"对，这位代表提到的'碳税'就是我接下来想要说的。碳税从它的名字就可以理解，是指针对二氧化碳排放所征收的税。碳税通过对产品中含碳量进行征税。"

周院长说着，将一个公式展示在大屏幕上，见图 3-14。

采购碳排放量：50万吨   生产碳排放量：10万吨   销售碳排放量：40万吨

CO_2 奔腾公司本期碳排放量=20万吨

周院长

图 3-14   碳税公式

"按照消费者原则来测算，一家企业实际的碳排放等于采购商品的碳排放量加上生产产生的碳排放量，再减去销售商品的碳排放量。因此，企业自身的碳排放量与碳税挂钩的话，就使得企业为了实现碳排放要做到二'少'一'多'，即少采购高碳排放原料、少生产中碳排放、多向下游转移碳排放。虽然说对企业碳排放收税可能导致成本向下游转移，但是只要市场充分竞争，那么高碳产品会由于价格高而失去市场，碳税就可以起到激励企业减排的作用。

"我看见离我最近的这位代表是来自奔腾汽车制造厂的，那我就以奔腾公司为例吧。奔腾公司从供应商处获得了汽车组件，就需要将其计入采购商品碳排放量，假设为 50 万吨。然后公司在生产过程中又会产生温室气体，那么它就计入生产产生的碳排放量，假设为 10 万吨。而在销售过程中，公司转移出的碳排放量为 40 万吨。这样奔腾公司本期的碳排放量就是 50 万吨加上 10 万吨再减去 40 万吨，等于 20 万吨。碳税就要基于企业的实际碳排放量来征收。假设税率是 30 岛币/吨碳，那么奔腾公司需要缴纳的碳税额就是 600 万岛币。"

大家都觉得经过案例讲解后理解得更加清楚了。

小李想到，当乐食品厂经常会涉及一些进出口的业务，进出口时会涉及关税问题，如果开始征收"碳税"的话，不知道在出口时会不会也有相关税收。于是他向周院长说出了自己的疑惑。

"小李提到的这个问题确实是存在的。小岛之间也在计划征收碳关税，目的是希望大家能降低出口产品的碳含量，调整出口产品结构。不过当乐食品厂不用太担心税收负担。因为碳关税主要是针对高耗能产品进口征收的二氧化碳排放特别关税。碳关税的纳税人主要是那些不减排的小岛，当这些小岛的高耗能产品出口到其他小岛时才需要征收碳关税。"

知识专栏

碳关税（carbon tariff）

碳关税指主权国家或地区对高耗能产品进口征收的二氧化碳排放特别关税，碳关税本质上属于碳税的边境税收调节。碳关税征税的依据是按照产品在生产过程中碳排放的数量来计征，如图3-15所示。

该批汽车产生碳排放量共5吨

出口

碳关税
30金币/吨碳关税

A小岛

缴纳
150金币
碳关税

B小岛

图 3-15   碳关税

知识专栏

"碳税"与"能源税"的区别

一是在产生时间上，能源税的产生要早于碳税。碳税是在人类认识到排放温室气体破坏生态环境以及对全球气候变化造成影响后，才得以设计和出现的。二是在征收目的上，碳税的征收目的是二氧化碳减排，而能源税的初期征收目的并不是二氧化碳减排。三是在征收范围上，碳税的征收范围要小于能源税。碳税只针对化石能源征税，而能源税的征税范围包括所有能源。四是在计税依据上，碳税按照化石燃料的含碳量或碳排放量征收，而能源税的征收一般是根据能源的消耗数量。五是在征税效果上，对于碳减排，理论上根据含碳量征收的碳税效果优于不按含碳量征收的能源税。

知识点 10：低碳办公

周院长的讲座要结束了，最后他向大家说道："上述讲到的都是在碳减排活动中企业的行为，如果我们只是把减排责任划分到企业一层的话，那么我们在座的各位难免会觉得实现'双碳'目标与自己关系不大。其实员工行为对于减碳也起到非常重要的作用。不同行业实现'双碳'目标的技术路径虽存在差异，但对于企业员工来说，实现低碳办公几乎没有差别、可以互相借鉴。因此需要在座的各位去思考在日常办公中如何实现低碳，并且可以多多进行交流学习呀。"

散会前，周院长的助理建立了一个微信群，邀请各位参会代表加入，方便大家交流。

这天，小李看到晨光集团的丁代表在微信群里转发了一篇标题为《低碳办公，我们该如何行动？》的文章。这是来自其他小岛的减碳经验，小李立马打开文章读了起来。

"从狭义上来说，低碳办公是指在办公活动中使用节约资源，减少污染物产生、排放。它是节能减排全民行动的重要组成部分，它主张从身边的小事做起，珍惜每一度电、每一滴水、每一张纸、每一升油、每一件办公用品。

"我们可以选择低碳办公设备，减少文件的复印和打印。在企业内部提倡无纸化办公，可以通过网络在线处理公文、收发电子邮件和传真，在减少纸张消耗的同时，更可以提高办公效率，见图3-16。

图3-16　无纸化办公

　　"通过发达的互联网技术，我们也可以有效利用远程视频会议平台来召开远程会议，进行远程培训，提供远程客户服务，进行远程办公等。

　　"在差旅方面也可以选择更低碳的交通方式，降低交通碳排放。

　　"此外，还可以在办公场所、会议室使用瓷杯或玻璃杯代替一次性纸杯；在办公时提倡使用钢笔或更换笔芯循环利用……"

　　小李暗暗点头，觉得这些节能行动也应该在食品厂中得到落实。

　　小李整理好了这几天听讲座以及和其他企业代表交流学习的内容后，迫不及待地来到王总的办公室进行汇报，见图3-17。

　　"王总，听了周院长的讲座，我对碳减排的认识更全面了。目前我们小岛上提倡的是由'能耗双控'向'碳排放双控'转变的政策。也就是说，不是一味地强调少耗能，如果我们能够利用新能源的话，未来是可以不被计入能源消费总量的。因此，我们可以多采购一些利用新能源的设备。比方说，可以使用新能源发电设备，目前光伏发电的普及程度

图 3-17　小李汇报交流心得

已经很高了。同时我们在进行企业内部交通工具的选择上也可以更环保，电动汽车就可以有更少的碳排放。

　　"此外，就是我们应该关注供应链的碳排放。不只要想办法减少我们企业的碳排放，上游供应商和下游分销商的碳排放其实也和我们密切相关。按照消费者责任原则，一个企业实际的碳排放量是在本企业生产排放的基础上，加上采购产品的碳排放量再减去销售转移的碳排放量。也就是说，我们在进行原料采购的时候就应该选择碳排放量少的供应商，同时减少企业内部生产产生的碳排放，这样才可能累积较少的碳排放量，下游企业也才更有可能选择我们生产的面包。

　　还有一点，政府计划征收碳税，如果我们的产品碳排放量高的话，未来就有可能承担更重的税负。所以，我们必须从各个环节实现低碳！对了，王总，在员工中也要倡导低碳办公，无纸化办公现在很流行，我们也可以在企业内部多多宣传和提倡。"

　　王总听了小李的汇报频频点头。很快便拟定了低碳办公倡议书，见图 3-18。

图 3-18　当乐食品厂低碳办公倡议书

思考与练习

1．"能耗双控"与"碳排放双控"的区别有哪些？

2．"绿电"的主要来源有哪些？不同的可再生能源发电各有哪些利弊？

3．各行业主要有哪些碳减排技术路径？你还能提出一些建议吗？

4．碳税是如何对企业碳减排起到激励作用的？

5．实现"低碳办公"还可以有哪些措施？

6．你在生活中看到哪些产品通过了碳认证呢？为什么要进行"碳认证"，给产品贴上"碳标签"呢？

精彩动画扫码看

第三集

幸福岛努力碳减排

第四章

碳 抵 消

自从幸福岛的企业意识到碳减排的重要性之后，各企业开始积极减排，但是企业的加工生产等行为难免会造成碳排放。要想实现"碳中和"的目标，企业还可以想办法抵消已经排放的气体。也就是说，对于已经排放出来的温室气体，幸福岛企业并非束手无策、毫无应对方法。

通过碳吸收、碳捕获等碳抵消的方式就可以将企业在生产过程中产生的温室气体转化固定，从而消除已经排放到大气中的二氧化碳。具体来看，有以下两种途径：其一是企业消除碳排放；其二是企业请别人消除碳排放，如图 4-1 所示。

图 4-1　碳抵消两种途径

知识点 01: 碳抵消

　　钱总是幸福岛智电能源公司的经理，他关心小岛大事，是一位很有责任心和使命感的企业家。他常常在公司大会上强调，企业不能"唯利是图"，经济效益是一方面，生产安全、保护环境也是重要任务。

　　近来，钱总在幸福岛新闻直播间听到"小岛海平面上升，物种多样性遭到破坏，极端天气频频出现"的新闻。钱总发现，小岛气候的变化、居民生活质量的下降等一系列现象都指向温室效应。"原来都是温室气体惹的祸。"钱总叹气道。

　　事实上，温室气体的重要组成部分很大程度上来源于化石燃料的燃烧，电厂烧煤发电会排放大量二氧化碳。钱总一拍脑袋："哎呦，原来小岛的未来在我身上啊，我肩负着重要的使命!"

　　在钱总的带领下，企业开始积极推进低碳转型，升级改造旧发电设备，研发新发电方式，各个环节都在大力降低温室气体的排放，智电能源的碳减排行动正如火如荼地进行着，如图 4-2 所示。

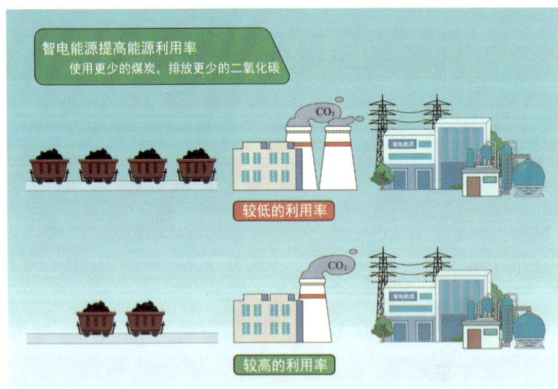

图 4-2　智电能源提高能源利用率

这天，钱总坐在办公室里思考，发电厂已经大力推进低碳转型了，除了先前引入的先进技术和生产线，扩展了新能源业务外，依然会产生许多碳排放，企业要想实现碳中和，还有什么方法能够将已经产生的二氧化碳吸收掉呢？钱总陷入了深深的思考。

在智电能源季度总结大会上，钱总听到下属小赵汇报本季度公司碳排放情况，通过一段时间的技术改造，公司碳排放有所减少，说明企业低碳转型有成效。尽管公司在大力发展碳减排技术，在短期内碳排放还是超出了预期。小赵指出，就目前情况来看，只发展碳减排技术还不能帮助企业迅速降低碳排放量，迈向碳中和。

前段时间，幸福岛政府组织筹办了"双碳"研讨交流会，邀请了清洁能源研究院的周院长来做报告，小赵作为智电能源碳达峰碳中和领导小组的一员，积极参加了研讨会。

小赵认真参加会议，又在会后进行了相关知识的学习与研究，发现除了积极实践碳减排外，通过碳吸收、碳捕集等手段，同样能够有效减少企业的碳排放量。小赵将这一想法向钱总做了汇报，钱总听到大受启发，决定进一步了解碳吸收、碳捕集等技术，也就是所谓的碳抵消技术。

所谓碳抵消（carbon offsets），通俗来讲，是指通过一定的技术来减少大气中二氧化碳的方式。这些方式包括两大类，其一是主动消除，其二是间接消除。主动消除包括碳吸收技术和碳捕集技术。间接消除是指开展碳汇交易，即排放二氧化碳的企业购买其他企业的碳排放吸收资源来达到数量上抵消企业排放。通过这些负排放技术可以将二氧化碳转移或固定，从而达到降低空气中温室气体浓度的目的。

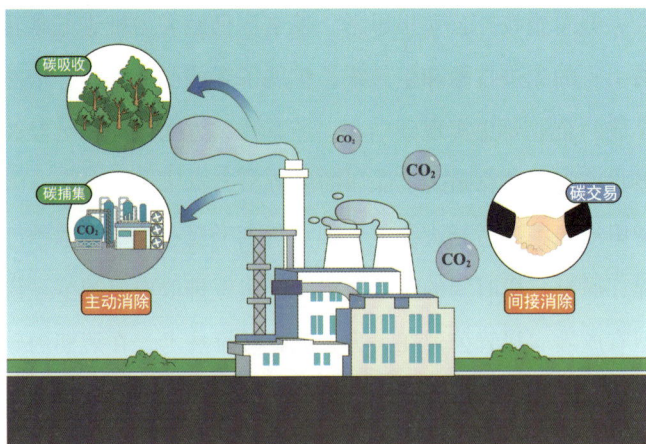

图 4-3　碳抵消两类方法

知识专栏

负排放技术

负排放是与正排放相对应的概念，正排放是指向空气中排放二氧化碳的过程，负排放是指从空气中吸收并固定二氧化碳的过程。负排放技术（negative emissions technologies）又称碳移除技术，强调的是从大气中去除和封存二氧化碳。这种方法是通过物理手段、化学手段或生物手段，吸收或捕捉二氧化碳气体，最终将二氧化碳储存在陆地、海洋等中，从而达到降低空气中温室气体浓度的目的。

知识点 02：常见的碳捕集方式

由于对碳抵消方式了解甚微，钱总让小赵多多关注这方面的知识，积极和其他同行进行交流和沟通。小赵和几位同事组建了一个碳抵消学习小组。最近一段时间，他们一起查阅了很多资料，听了很多课程，对碳抵消方式有了更深入的了解。小赵作为该小组的负责人，汇总了学习成果，发现碳抵消可以分为三种方式，见图 4-4，其一是碳捕集方式，其二是碳吸收方式，其三是碳汇交易方式。需要注意的是，前两种方式能够有效降低空气中的二氧化碳浓度，是"实实在在"的碳抵消方式；第三种市场方式——碳汇交易，是企业通过购买其他企业的碳排放权利或者碳抵消的能力以在数量上降低企业碳排放，这不是企业"实质性"碳抵消。

图 4-4　碳抵消三大方式

小赵邀请钱总和公司其他几位领导参加本次碳抵消知识交流活动，准备将碳抵消学习小组了解到的碳抵消方法向大家进行普及。

"接下来，我们有请小高向大家介绍一下常见的碳捕集方式。"

小高上前说道："其实碳捕集方式有很多，常见的有传统碳捕集利用和封存技术、生物能结合碳捕获与封存技术、直接空气碳捕获和储存技术。有的技术具有现实应用性，有的技术则实现难度较大，并不适用于我们智电能源。"小高身后的 PPT 上展示着这几种碳捕集的名称。

"接下来，我将具体讲讲这些碳捕集方式。"小高继续说道。

"在介绍这些具体技术之前，首先我要介绍一个概念——碳捕集利用和封存技术。这是一个宽泛的概念。它经历了很长一段时间的发展，最初命名为碳捕集与封存（carbon capture and storage），缩写为 CCS。"

"我们先来介绍碳捕集与封存技术。

"碳捕集与封存技术是指将二氧化碳收集起来，输送到封存地点，并将其储存起来的过程。就目前来看，碳捕集技术已经较为成熟，未来需要进一步探索的是封存技术。整体而言，碳捕获与封存技术能够大规模减少温室气体数量，是现实中经济、可行的方法。

"这种技术包括以下三个阶段：①捕集；②运输；③封存。

"二氧化碳捕集是指将二氧化碳从工业生产、能源利用或大气中分离出来的过程，捕集的方式主要有三种：燃烧前捕集、富氧燃烧和燃烧后捕集。

"二氧化碳运输是指将捕集到的二氧化碳运送到可利用或封存场地的过程，运输方式多借助汽车、火车、轮船以及管道，其中管道是较为经济的运输方式。

"二氧化碳封存是指通过工程技术手段将捕集到的二氧化碳注入地质储层，实现二氧化碳与大气长期隔绝的过程。封存的方法有很多，一般分为地质封存和海洋封存两类。"

大家听得津津有味，这时有人提问："既然可以捕集二氧化碳，就不能将二氧化碳变废为宝再利用一下吗？"

小高解释道："一开始，人们只是将空气中的温室气体储存固定起来，从而达到降低温室气体浓度的目的。既然我们能将这些空气中存在的大量二氧化碳储存起来，是否能利用这些温室气体创造更多的价值呢？显然，人们的想法已经从最初的碳捕集与封存进一步发展成碳捕集利用和封存。随着科学和技术的发展，新的想法得到了验证，这就是我们所说的碳捕集利用与封存（carbon capture，utilization and storage，CCUS）。"

碳捕集利用与封存技术，是在碳捕集与封存技术基础上发展起来的新技术。与碳捕集与封存技术不同，碳捕集利用与封存技术强调利用收集到的二氧化碳，而不只关注如何将二氧化碳储存起来。

二氧化碳利用通常指通过工程技术手段将捕集到的二氧化碳实现资源化利用的过程。根据工程技术手段的不同，可分为二氧化碳地质利用、二氧化碳化工利用和二氧化碳生物利用等，如图 4-5 所示。

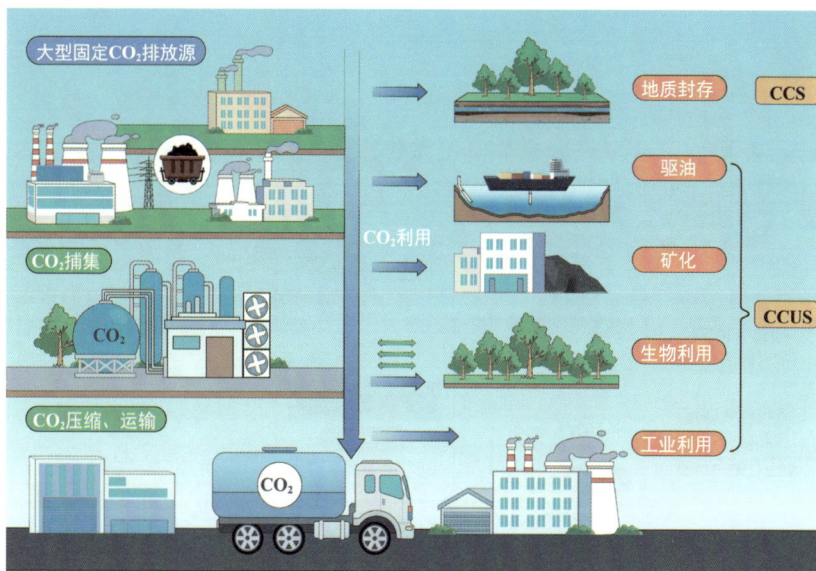

图 4-5 碳捕集利用与封存

听完小高对碳捕集利用和封存技术发展演变的讲解，钱总点了点头，接着问道："这种技术听起来'高大上'，很有技术性，在现实情境下是否可以使用呢？咱们智电能源能不能进行碳捕集利用和封存？"

小高表示："在实践中，碳捕集利用和封存技术主要分为传统碳捕集利用和封存技术、生物能结合碳捕获与封存技术、直接空气碳捕获和储存技术。

"传统碳捕集利用和封存技术，主要针对化石燃料电厂和工业生产过程中产生的二氧化碳进行捕集、输送、利用和封存。生物能结合碳捕获与封存技术，主要利用生物质完成二氧化碳的捕集，然后输送、利用和封存。直接空气碳捕获和储存技术，是直接对空气中的二氧化碳进行捕集，然后进一步输送、利用和封存。"

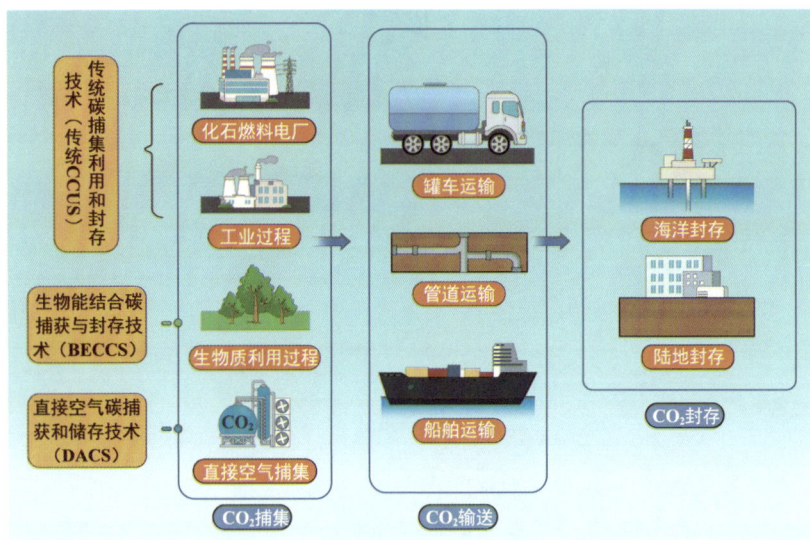

图 4-6   三种碳捕集利用与封存技术

"这个传统方法好像和我们企业相关，"钱总指着黑板说道，"咱们智电能源不就主要利用化石燃料进行加工生产吗？小高快给我们讲讲。"

小高回应道："是这样。接下来我就说说传统碳捕集利用和封存技术。

"传统碳捕集利用和封存技术是碳捕获与封存技术的新发展形态，能够将生产过程中产生的二氧化碳进行提纯，并进一步投入到新的生产过程中，与只将二氧化碳进行封存不同，这种技术可以实现对温室气体的循环利用，带来更大的经济价值，在现实中具有一定的应用性。比如，可以进一步合成可降解塑料、生产化肥、改善盐碱水质等，有很好的应用市场。

"但是这种技术也存在难点。目前来看，技术本身是非常值得肯定的，然而一旦产业化，大规模建设二氧化碳回收利用装置的选址就非常重要。

"从现实情况来看，二氧化碳的收集装置不难获取，大多数企业可以在工业生产的末端加装二氧化碳回收装置，咱们智电能源就可以在烟囱上安装这种装置。但是对于这些收集好的二氧化碳气体，多数企业可能无法直接进行封存利用。因为二氧化碳封存利用装置占地面积较大，且研发和安装需要一定的资金，这就导致推广和使用碳捕集利用和封存技术具备一定的门槛，并不是所有企业都可以轻易实施。对于大多数企业来讲，更可行的是将收集到的二氧化碳气体运输到周边能够封存利用二氧化碳气体的装置处。

"照这样，幸福岛当乐食品厂可以购买二氧化碳收集装置并安装在生产线管道上。这些装置可以回收生产过程中所排放的二氧化碳气体，待装置收集饱和后，更换新的空瓶装置继续收集，然后将收集满的二氧化碳气体运送到周围的二氧化碳封存利用设备处，有效利用这些二氧化碳气体。

"对于发电企业来讲，为了给幸福岛供电，我们每天都在大力生产，生产过程中会源源不断排放二氧化碳，我们有条件建立完整的碳捕集利用和封存装置，实现从前期的二氧化碳收集到后期的二氧化碳封存和利用。我们可以最大化降低二氧化碳的运输成本，在发电厂附近直接建设碳捕获和利用装置。同时，一旦我们建设了碳捕集利用和封存装置，还可以帮助周边企业封存利用二氧化碳。"

听完小高的解释，钱总点了点头："看来后续可以启动论证咱们智电能源的碳捕集利用和封存项目。小高，你刚才说这种技术有好几种方式，除了刚才说的这种传统的方式，还有什么途径？你继续说说。"

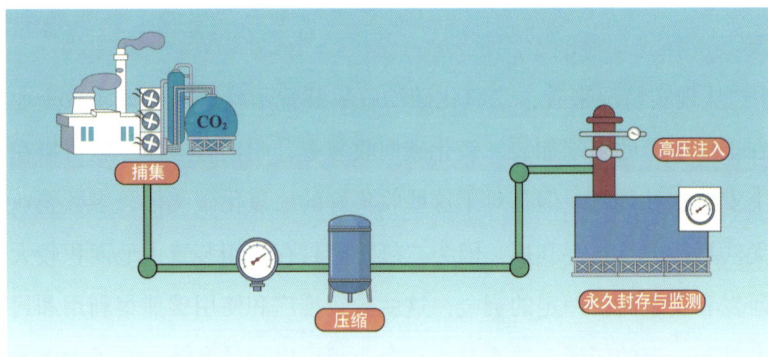

图 4-7　智电能源二氧化碳的产生、被捕集、压缩、
运输、封存、利用等过程

"是的，除了传统的碳捕集利用和封存技术，还有几种类似的技术。生物能结合碳捕获与封存技术（bio-energy with carbon capture and storage，BECCS），是目前可行性最高的碳抵消技术之一，是降低二氧化碳浓度的关键技术。

"BECCS 技术可将农作物或树木生长过程中产生的二氧化碳转化为有机物，以生物质的形式存储起来，这些生物质又可以进一步燃烧利用或者封存，如将捕获的碳封存到地下，防止其回到大气中。BECCS 技术的重点是通过生物能源技术收集二氧化碳，如生物加工行业、生物燃料发电行业等利用和封存的过程与传统的碳捕集利用和封存技术类似。

"尽管这种技术在理论上是可行的，但尚未得到大规模应用。一方面，建造生物质碳捕获工厂的前期成本很高；另一方面，将碳储存在地下可能引发地震或导致二氧化碳泄漏。此外，由于需要大量土地来种植生物能源，很可能造成森林破坏等后果。有研究发现，若将全球升温控制在 2℃以内所需的二氧化碳移除量，需要种植 7 亿公顷的生物质能作物；而为了达成 1.5℃温控目标，需要进一步扩大生物质能作物的种植面积，可能需要将全球的森林和其他高碳生态系统全部换成生物质能作物。尽管目前技术的成熟度有限，在未来，BECCS 技术不失为一种重要的碳抵消手段。"

钱总听了直摇头："这事儿听起来不可行，咱们智电能源去哪里搞到这么多土地啊。"如图 4-8 所示。

图 4-8　DECCS 技术须大量土地

小高点点头："还有第三种技术，这种技术就是直接空气碳捕获和储存技术（direct air capture and storage，DACS）。与 BECCS 技术相比，这种技术对环境的破坏较小，故而更具吸引力。DACS 技术不依赖土壤和植物，而是直接对空气进行'净化'。这种技术在工业界有'光合作用'的美誉，类似植物通过光合作用将阳光和二氧化碳转化为糖的过程，DACS 技术通过风扇和过滤器，从大气中直接去除二氧化碳。

"但是就现实情况来看，DACS 技术的实现需要消耗大量能源。由于大气中二氧化碳的浓度仅为 0.04%，直接对空气中的二氧化碳气体进行清除或储存就较为困难，DACS 技术的成本很高。从经济效益的角度来看，目前这种技术的可行性还不高。"

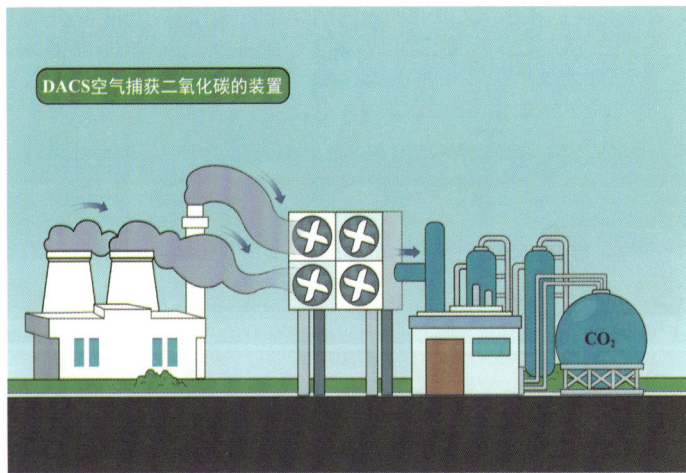

图 4-9　DACS 技术

钱总听完小高的介绍，若有所思："尽管这些技术具有很强的技术性，也需要大量的资金投入，但是这些技术确实可以带来附加价值。我们可以将捕集到的二氧化碳利用起来，将它转化成有机物、肥料、添加剂、可降解塑料、油田驱油材料等。看来我们要加快推动碳捕集利用和封存技术项目论证。谢谢小高的讲解，我们学到了很多。"

知识点 03：常见的碳吸收方式

除了碳捕集以外，采取碳吸收的方式同样可以进行碳抵消，降低企业碳排放。小组负责人小赵举手示意："接下来由我讲讲常见的碳吸收方式，大家一起探讨探讨。"

"说到碳吸收，我先介绍两个重要的概念——碳源和碳汇。现在我就以咱们幸福岛为例，介绍一下碳源、碳汇这两个概念。

"碳源（carbon source），顾名思义，就是排放二氧化碳的源头。

"煤矿厂挖煤运煤，发电厂烧煤发电，工厂加工生产，食品厂制作食物，道路上来往着车辆。在这个过程中，挖煤发电的企业、生产加工的企业、运行的车辆都在向空气中释放温室气体。这些释放温室气体的源头正是所谓的碳源。

"碳汇（carbon sink），顾名思义，就是汇集二氧化碳的介质。

"幸福岛上有一片广袤的森林，这片森林在大自然的呵护下稳定地生长着。森林的存在对于人类生产生活、自然界的生生不息都具有重要作用。在森林中，高大的树木奔着阳光生长，低矮的灌木汲取着土壤的营养，落叶凋零化作大地的养料，种子竞争着破土而发，花粉随着风儿完成自己的使命，小动物们在此处安家，森林在维系着生态系统的同时，也不断吸收并转化着空气中的二氧化碳。森林就是一个巨大的碳汇，公园里的草丛、马路边上的行道树、小区里的草地，也都是小岛上的碳汇。"

碳源与碳汇的关系如图 4-10 所示。

小赵的讲解通俗易懂，钱总点了点头，表示认可。

小赵总结道："常见的碳吸收方式有绿色碳汇和蓝色碳汇两种。绿色碳汇主要包括森林碳汇、林业碳汇、草地碳汇等。蓝色碳汇又称作海洋碳汇。

图 4-10　碳源与碳汇

"绿色碳汇这个概念很好理解。尽管绿色碳汇包含了森林碳汇、林业碳汇、草地碳汇等，但是从面积上、从整体数量上看，森林碳汇还是占据着很重要的位置。

"森林碳汇说的是森林通过吸收二氧化碳并将其固定在植被或土壤中，有效降低大气中二氧化碳浓度的过程。森林是幸福岛上重要的生态资源，具有相当大的规模，是巨大的碳汇。森林具有固碳能力强、固碳成本低、带来的附加价值高等特点。森林碳汇是重要且可行的一种碳抵消手段，是减缓温室效应的重要方案。

"除了森林碳汇，林业碳汇也是重要的碳吸收方式。林业碳汇也需要利用森林的储碳功能，即通过植树造林、加强森林经营管理、减少毁林、保护和恢复森林植被等活动，吸收和固定大气中的二氧化碳，见图 4-11。据测算，平均每亩林地可产生碳汇量 1 吨/年。

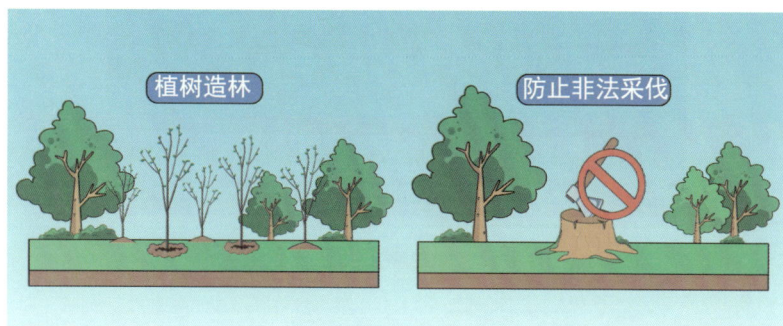

图 4-11　植树造林与防止非法采伐

"另外，草地也可以进行碳的存储。草地的光合作用可以将吸收的二氧化碳固定在土壤中，具有一定的固碳能力。需要注意的是，草地固碳可能存在泄漏。要科学合理利用草地，形成良性循环，提高草地的固碳能力。

"刚才介绍的几种都属于绿色碳汇，除了绿色碳汇，还有一种碳吸收的方式，就是蓝色碳汇，见图 4-12。

"蓝色碳汇就是我们所谓的海洋碳汇。我们将目光从小岛上扩展开来，就可以发现，小岛的周围环绕着海洋。在蓝色的大海中，鱼虾成群结队地游着，鲸鱼和海豚划开波浪，螃蟹和贝类走走停停，藻类和浮游植物随波逐流。海洋这个巨大的生态系统不仅孕育着无数的生命，还吸收着大气中的二氧化碳。海洋是巨大的活跃碳库，容量是陆地的 10 倍、大气的 50 倍。

图 4-12　绿色碳汇与蓝色碳汇

"海洋碳汇指的是海洋活动以及海洋生物等吸收大气中的二氧化碳，并将其固定在海洋中的过程。海洋生物，特别是海岸带的红树林、海草床和盐沼等能够捕获和储存大量的碳。

"海洋碳汇固碳量大、效率高、储存时间长。在时间尺度上，相较于陆地生态系统长达几百年的碳汇储存周期，海洋碳汇可储存长达千年之久。显然，海洋在固碳方面扮演着重要的角色。"

听完小赵的介绍，一天的学习活动也接近尾声，钱总走上前来最后总结道："今天大家全面学习了解了企业碳抵消的手段，知道了碳捕集技术，也知道了碳吸收技术。我们更加清晰地认识到保护森林和海洋的重要性，也要加快推动碳捕集利用和封存项目早日落地，为小岛碳减排贡献力量。"

知识点 04：碳抵消的间接手段——碳交易

过了几天，智电能源碳达峰碳中和小组邀请到了幸福岛碳交易市场的管理员小楚，向钱总等人分享碳市场交易的相关知识。

"除了碳捕集和碳吸收这两种直接的碳抵消手段，还存在间接碳抵消手段，今天我们荣幸邀请到了幸福岛碳市场交易管理员小楚，接下来请小楚为大家做报告，详细讲解一下碳市场交易的相关概念和交易过程。我们欢迎小楚。"

小楚向钱总和公司其他几位领导打了招呼，短暂寒暄之后，开始介绍碳汇交易。

"我也是抛砖引玉，今天简单向大家讲讲碳交易是怎么回事，各位有什么问题欢迎提出，我们进一步交流讨论。

"提到碳交易，我们首先要了解一个概念——碳排放权。什么是碳排放权？碳排放权，顾名思义，是指企业依法取得的可以向大气中排放二氧化碳的权利，如图 4-13 所示。碳排放权可以作为商品在市场上买卖，具体来看，减排存在困难的企业可以向超额完成减排任务的企业购买碳排放权。减排容易的企业通过向其他企业出售碳排放的权利，不仅能帮助减排困难的企业完成减排任务，还能通过碳排放权交易获得经济收益。"

图 4-13　碳排放权分配

小楚接着说道："有的企业会排放大量二氧化碳，而有的企业会排放少量二氧化碳，那么依据供需关系的市场交易机制，就会逐步形成碳排放权交易价格，也叫碳价（carbon price）。大家说说，咱们企业什么时候应该自己减排，什么时候可以去买碳排放权？"

小赵想了想举手说："如果企业减排成本低于碳交易价格，企业会选择努力减排；当企业减排成本高于碳价时，会选择在碳市场上购买碳排放权，以完成政府下达的减排目标。"

听了小赵的回答，小楚点头表示认同，进一步讲解道："碳交易市场其实可以简单分为配额交易市场和自愿交易市场，不知道各位有没有听说过这两种方式？其实很好理解，从字面上我们就能看出一些区别。"

钱总点了点头，说道："麻烦你再具体讲讲，这些交易是什么样的，让我们熟悉熟悉。"

"配额交易市场就是为那些有温室气体排放上限的企业提供的碳交易平台，以实现其减排目标，比如说咱们幸福岛上的电力行业就是采用这种方式进行碳交易；自愿减排交易市场则是从其他目标出发，如企业社会责任、品牌建设、社会效益等，企业自愿进行碳交易，以实现碳中和目标，如图4-14所示。

"就现实来看，配额交易市场更为常见。在配额交易市场中，政府需要确定一个碳排放总额，并根据一定规则将这些碳排放配额分配至企业，不同的企业会分到不同数量的碳排放权利。如果企业的碳排放量高于政府分配的配额，则该企业需要到碳交易市场上购买更多的碳排放权利。同时，如果部分企业通过采用节能减排技术，其最终碳排放量低于政府分配的配额，则可以通过碳交易市场出售自身剩余的碳排放权。"

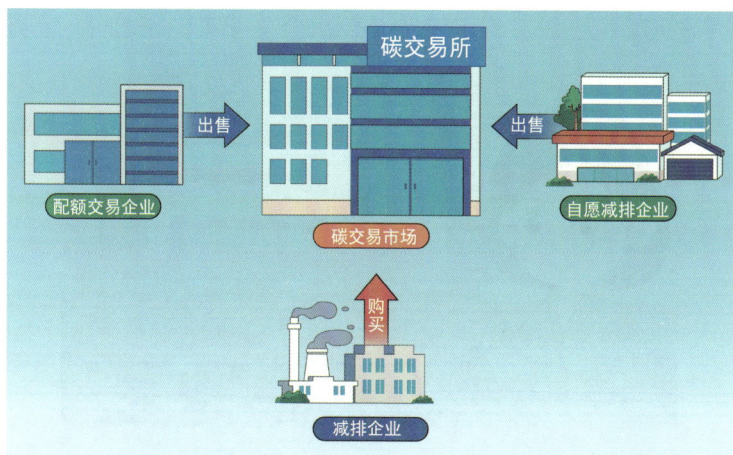

图 4-14　碳交易市场运行机制

　　小楚看大家不太明白，接着说："我就以咱们企业为例，智电能源要是进入配额碳交易市场，应该是一个怎样的交易方式，我就具体来说说。"

　　"智电能源是碳排放的大户，政府规定智电能源每年最多向大气排放 200 万吨的二氧化碳。事实上，企业原先每年排放 400 万吨二氧化碳，近年来，通过一系列技术手段和生产线改造，逐步推进碳减排行动。今年，智电能源只向大气中排放了 320 万吨二氧化碳，相较于原先的排放水平，降低了很多。但显然，智电能源的排放量还是超出了政府规定的排放额度，于是企业就要到碳交易市场上向其他企业购买 120 万吨的碳排放权，从而满足自身 200 万吨排放量的额度要求。在这个例子中，企业参与的碳交易就是配额交易，如图 4-15 所示。

　　自愿减排交易市场是企业出于自愿动机，而非政府强制规定进行碳排放权交易，企业可以自行在碳交易市场上进行碳排放权买卖。"

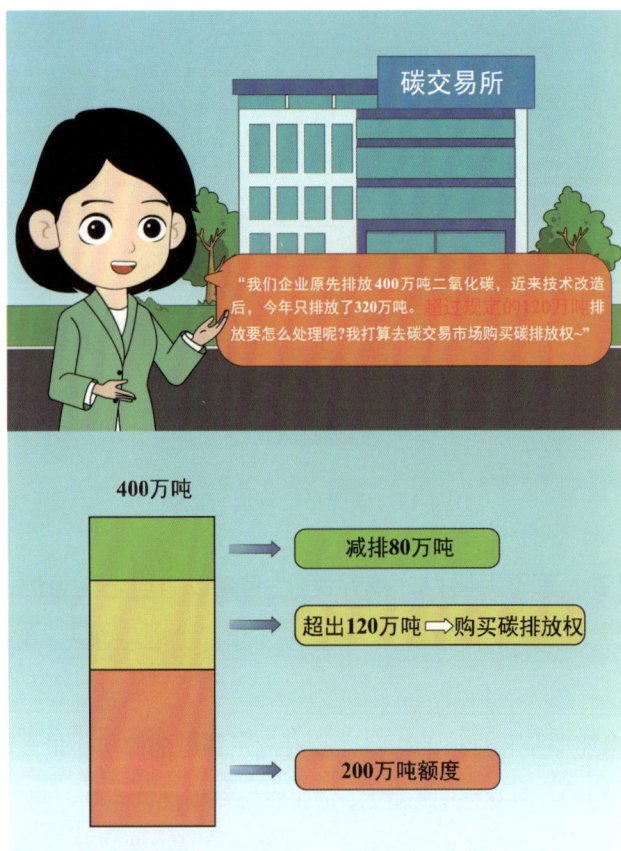

图 4-15   超出排放规定的企业可在碳交易所购买碳排放权

听完小楚的讲解，钱总表示："原来碳交易市场就在我们身边，我们之前还觉得它是一种复杂的机制，需要各种规则、限制什么的，现在听了你的讲解，我们恍然大悟，感觉它好像也不是那么难理解。"其他人纷纷鼓掌，表示认同。会后，钱总指定小赵去拜访幸福岛的碳交易所，为后续参与碳交易做好准备。

知识点 05：开展碳交易，抵消碳排放

当乐食品厂的王总在路上碰到钱总，说起碳交易的事情，钱总介绍了一番后，王总也觉得企业要主动承担碳减排责任，自己减排，早日实现碳中和。同时也可以去自愿碳交易市场购买碳汇，如图 4-16 所示。回到公司，王总叫来小李算了一下。小李发现："咱们购买 5 万吨碳汇，花费 290 万元岛币就可以实现碳中和了。"王总一听心里嘀咕道："没想到实现碳中和也太容易了吧。"

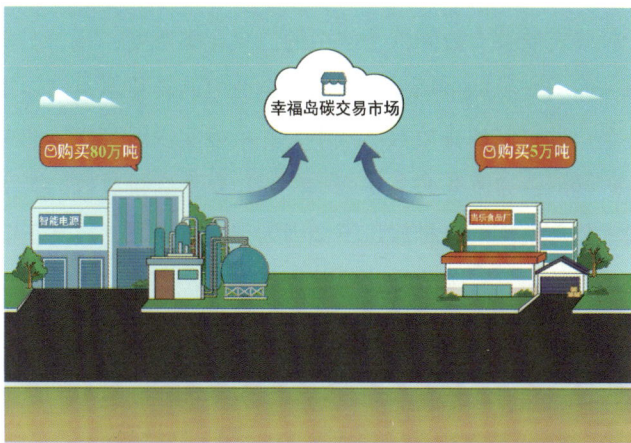

图 4-16　在碳交易市场购买碳汇

知识点 06：合理碳抵消

这天钱总想推动碳捕集利用和封存项目，就约王总一起来聊聊。智电能源碳达峰碳中和小组负责人小赵主持交流会，小赵说道："今天邀请大家来一起讨论怎样进行碳抵消。总的来讲，碳抵消可以分为三大部分，

其一是碳捕集方式，其二是碳吸收方式，其三是市场交易方式。"

钱总点了点头，说出了自己的想法："小赵刚才介绍了很多方法，技术上面有碳捕获和封存、植树造林的碳吸收等，我们也很想在碳减排的基础上用碳抵消的方式减少企业的碳排放，早日完成咱们电厂的碳中和。"

钱总接着说道："其实对于我们来说，直接在碳交易市场上购买其他企业的碳排放权是最容易实现、最便捷也可能是最有利的方式。我觉得实现碳中和很容易，直接去市场上购买碳配额，进行抵消就可以了。"

当乐食品厂的王总听了也说道："是呀，我们算了下，直接到碳减排自愿交易市场购买需要的配额，就可以实现企业的碳中和了。"

"嗯嗯，您说的有道理，但是需要注意一点，"小赵回应道，"碳捕集和碳吸收确实能够有效降低空气中的二氧化碳浓度，是'实实在在'的碳抵消，而碳交易的市场手段只能在企业之间转移温室气体排放量数据，只是企业温室气体排放数字减小，并不能实现温室气体的减少，不是实质性碳抵消，如图4-17。尽管碳交易市场上碳排放权的买卖如火如荼，咱们幸福岛整体的碳排放量不会因为碳交易而减少。真正能帮助幸福岛实现碳中和的只有碳减排、碳捕集和碳吸收。"

图 4-17　碳减排不等于单纯购买碳排放权

　　小赵补充道："从本质上来讲，企业过度使用碳抵消手段实现的碳中和是一种'洗碳'行为，也是'虚假'碳中和的表现。在实际情况中，企业由于受到一系列因素的影响，会采取'洗碳'手段。"钱总和王总听了之后都觉得小赵说的有道理，碳减排和碳中和的实现不能过度依赖碳交易，首先要努力碳减排，然后是碳捕集和碳吸收。

　　钱总提出："刚才小赵也有提到，建设碳捕集利用和封存装置在未来确实会带来经济效益，也能够很好地帮助企业自身，甚至是帮助其他无法封存利用二氧化碳的企业实现碳达峰碳中和。但是，我们无法忽视的一点是建设 CCUS 这些装置确实需要投入大量的资金和技术。"其他人点了点头，表示认同。

　　钱总接着说道："我想在电厂周围建碳捕集利用和封存装置，你们食品厂就做好碳捕集，收集完送到我这里来加工利用。"王总听后非常高兴，决定一起推进项目尽快落地。

　　智电能源和当乐食品厂绘制了预期的合作碳捕集利用和封存项目的示意图，见图 4-18。智电能源建设碳捕集利用和封存装置，包括

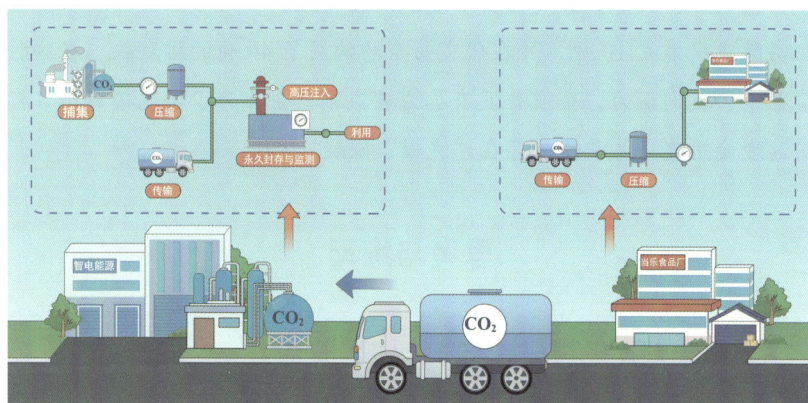

图 4-18　碳捕集利用和封存项目示意图

智电能源二氧化碳的产生、捕集、压缩、运输、封存、利用等过程。然后当乐食品厂捕集、压缩二氧化碳，并运输到智电能源的碳捕集利用装置中。

知识专栏

合理碳抵消

我们可以根据企业的碳减排能力，确定企业的最大碳减排量，评估其最大碳减排潜力，给企业设定一个预期的碳减排"度"。具体而言，当企业的碳抵消水平在某一特定阈值内，将被视为合理的碳抵消行为；当企业的碳抵消水平超出该阈值，超出部分则被视为不合理的碳抵消行为。

比如，假设一家企业每年排放100吨二氧化碳，企业积极开展低碳转型，进行科学评估后，预计企业每年能够减少50吨二氧化碳的排放。

情况一：企业尽量减少碳排放，实际减少排放40吨，然后在碳交易市场购买了10吨的排放权。在这种情况下，我们认为，企业已经尽力碳减排了，其购买的10吨碳抵消是较为合理的。

情况二：企业声称自己会尽量减少碳排放，但是年末核算发现，企业实际减少排放10吨，并在碳交易市场购买了40吨的排放权。在这种情况下，我们认为，企业并没有尽力碳减排，企业为了实现碳减排目标而过度使用碳交易手段，存在"洗碳"嫌疑。

思考与练习

1. 说说你身边有哪些常见的碳源和碳汇？

2. 学习完本章后，你了解到碳抵消的多种方式，如果你是钱总，你倾向于使用哪种方法进行企业碳抵消？

3. 糖糖作为幸福岛的一名学生，也想参与到幸福岛碳抵消活动中，你认为他可以从身边的哪些事情做起？

4. "通过碳交易这种方式可以减少幸福岛的二氧化碳排放水平"，这句话是否正确。

5. 碳捕集利用和封存项目是什么意思？实施起来具体有几大步骤？

6. 假定存在甲、乙两家公司，每家公司每年被允许排放的二氧化碳数量是 200 吨。若甲公司每年向空气排放 150 吨二氧化碳，而乙公司每年向空气排放 250 吨二氧化碳。甲可以在碳交易市场上出售自己多余的 50 吨二氧化碳排放权。而乙公司在市场上购买 50 吨的二氧化碳排放权。请问这种情况属于哪种碳交易方式？

7. 年初甲企业宣布将大力推进低碳转型，积极迈向碳中和。实际上，甲企业并没有推进碳减排行动，只是象征性地在植树节开展植树造林活动。到了年末，甲企业购买了大量碳排放权，抵消企业排放的二氧化碳，并公开对外声称自己实现了"碳中和"。你认为甲企业是否存在"洗碳"行为？如果存在，那么甲企业应该如何改进？

精彩动画扫码看

第四集

幸福岛碳抵消途径

第五章
碳信息披露

当乐食品厂最近采取了一系列的碳减排和碳抵消措施，在经营业绩和减碳水平上都有很大提升，幸福岛上许多公司也纷纷前来学习经验。各公司的主管了解到食品厂针对碳减排特别制定的方案，都不禁连连赞叹："不愧是我们幸福岛的'最具社会责任企业'，今年当乐食品厂也肯定是小岛的'减碳先锋'！"

这也让王总想到了一个关键的问题：当乐食品厂为减碳做的努力，应该怎样展现出来，让大家看到。看着手中的公司年度财务报告，王总陷入了沉思：当乐食品厂是否也能像会计信息披露那样，对碳信息进行披露呢？这样，就会有更多人知道我们在碳减排方面做的大量工作以及进展了。

知识点 01：碳会计

要想将碳相关的信息恰当地展现给大家，首要的就是建立碳信息确认、计量、报告与审核体系。为了解决这一问题，幸福岛政府特别委托糖糖妈妈等生态学专家对碳信息计量展开研究，认为企业可以结合财务会计的方法，对碳信息进行确认和计量，也就是"碳会计"。根据幸福岛政府的最新公告，目前小岛上的企业应当强化企业碳排放核算监督与管理，探索开展企业碳会计业务。

王总意识到，当乐食品厂接下来的关键任务是把生产活动与碳信息结合起来，构建全面、完整的核算与披露体系，争取在碳信息披露方面成为幸福岛企业中的领导者。

说到会计问题，食品厂的财务部负责人蔡经理可是这方面的专家。当然，只有丰富的财务知识是不够的，还得和碳知识结合起来才行，于是王总安排财务部、可持续发展部深入研讨，又结合糖糖妈妈等生态学专家的意见，制定出当乐食品厂碳会计的基本框架。

在汇报会上，蔡经理向大家介绍了食品厂的碳会计方案。方案共分为四步。

第一步是确定企业的碳计量边界，也就是要对企业哪些部分的碳排放进行计量。除了食品厂，当乐还拥有两家公司的控制权：当乐茶饮有限责任公司和当乐火锅餐饮有限责任公司。同时，由于近年来的对外投资，食品厂也持有一些其他公司的股份，但不拥有那些公司的控制权。蔡经理认为，在进行碳核算时，应该把当乐茶饮有限责任公司和当乐火锅餐饮有限责任公司的碳排放一并计入核算。因为这两家公司的生产活动是受当乐食品厂控制的，所以当乐食品厂要将这两家公司的碳排放纳入企业总体碳排放的统计范围，如图 5-1 所示。

蔡经理说完，王总点头赞许："这样确定边界更加合理，也能把企业总体财务情况与碳排放对应起来。"

第二步是确定业务边界。当乐食品厂应把所有的生产经营与其他活动考虑进来，并且囊括范围一、范围二和范围三的碳排放。根据之前会议讨论的结果，对于范围一和范围二的碳排放，食品厂采用排放因子法进行核算；对于范围三的碳排放，在与上下游的企业协商后，决定采用消费责任原则。

图 5-1   当乐食品厂碳排放核算

王总听后，提出应该把这个原则明确下来，与上下游企业签订协议，并征得幸福岛政府的同意。

第三步是确定碳排放量。碳排放量是碳会计中最为重要的指标。蔡经理列出了食品厂碳排放量的计算公式：

企业碳排放量＝采购的商品碳排放量＋生产产生的碳排放量－

销售商品碳排放量。

第四步是确定公司核定碳排放，也称作碳配额。这是当乐食品厂合理的碳排放量额度，包括从政府免费获取的、碳交易市场购入的，以及其他方式取得的额度。将当乐食品厂合理的碳排放量额度与碳排放量进行对比，就可以知道是多排了还是少排了。蔡经理补充道，企业碳配额的确定主要有两种方法，即基准法和历史法。

基准法是以行业的能效基准来确定企业配额的分配，也就是通过横向比较，奖励技术先进企业、惩罚技术落后企业，激励各企业向行业基准以上水平发展。计算方法可以归纳为：

企业年度基础配额 = 行业基准 × 年度产量 × 调整系数

历史法是根据企业的历史排放情况发放配额，对于历史排放法的计算，可以归纳为：

企业配额 = 历史年均碳排放量 × 调整系数

根据幸福岛生态环境部的要求，碳配额分配以基准法为主、历史法为辅，热电联产、电网、铜冶炼、钢铁、纸浆制造、机制纸和纸板、机场这七个行业采取历史法，剩余行业采取基准法，因此幸福岛在为当乐食品厂分配碳配额时，采用的是基准法。

蔡经理讲到这里，王总拿出了年度财务报告："如果我们设定好这些规则，接下来如何进行碳计量呢？"

蔡经理告诉大家，为了进行碳计量，当乐食品厂需要用到一些新账户，主要包括以下内容。

碳资产：公司拥有的碳排放额度，指在强制碳排放权交易机制或者自愿碳排放权交易机制下，产生的可直接或间接影响组织温室气体排放的配额排放权、减排信用额以及相关活动。

碳负债：超过配额的排放量。碳负债是基于温室气体排放的总量控制以及配额交易政策提出的一个概念。

前面介绍过，

公司当期碳排放总量 = 期初碳排放总量 + 采购所得原材料的碳排放量 + 生产活动碳排放量 - 销售商品转移的碳排放量

公司核定碳排放 = 采购原材料数量 × 标准碳排放基数 + 生产活动标准碳排放 - 销售量 × 销售商品碳排放基数

那么，

公司碳资产 = 期初碳资产 + 公司核定碳排放 - 公司当期碳排放总量

如果公司的碳资产计算结果是负值，就形成了碳负债。这种情况下，公司的碳排放量已经明显超出计划。

接下来，按照蔡经理介绍的基本方案，在王总的安排下，财务部联合可持续发展部，开展了核算工作。

首先，当乐食品厂需要核算碳配额总额，包括免费获取的碳配额、碳交易市场购入的碳配额以及其他方式取得的碳配额。碳配额总额构成了企业的碳资产总额。其次，食品厂在"供—产—销"等环节都会产生碳排放，分别记录计量，并统一进行核算。同时，在销售环节根据合理的比例系数，将一部分碳排放转移至下游。通过碳排放总额减去碳排放转移的额度，核算出经营活动产生的碳排放净额。最后，碳配额总额减去碳排放净额即可核算出本期的碳资产增加额，并依据上期结转的碳资产额度，核算出期末的碳资产余额。

根据当乐食品厂本年的数据，蔡经理带领大家对年末的碳资产进行了计算。2021 年当乐食品公司碳排放核算表如表 5-1 所示。

首先，计算碳配额总额的本期数量和本期金额。

碳配额总额 = 免费取得的碳配额 + 购入取得的碳配额 + 其他方式取得的碳配额。

将食品厂本期数据代入公式中，即碳配额总额 = 3 万吨 + 5 万吨 + 4 万吨 = 12 万吨。

其次，经营产生碳排放净额 = 采购碳排放量 + 生产碳排放量 − 销售转移碳排放量。将数据代入公式中，即经营产生碳排放净额 = 4 万吨 + 3 万吨 − 1 万吨 = 6 万吨。

再次，期初净碳资产余额由上期期末净碳资产余额决定。

最后，期末净碳资产余额 = 碳配额总额 − 经营产生碳排放净额 + 期初净碳资产余额。将数据代入公式中，即期末净碳资产余额 = 12 万吨 − 6 万吨 + 5 万吨 = 11 万吨。

　　根据幸福岛最新碳市场交易价格（58 元/吨）计算，得到碳配额、碳排放、碳资产净增加额，最终得到期末净碳资产余额为 638 万元。

表 5-1　2021 年当乐食品厂碳排放核算表

项目	本期数量（单位：吨）	本期金额（单位：元）	上期数量（单位：吨）	上期金额（单位：元）
一、碳配额				
免费取得的碳配额	30 000	1 740 000	20 000	1 160 000
购入取得的碳配额	50 000	2 900 000	60 000	3 480 000
其他方式取得的碳配额	40 000	2 320 000	20 000	1 160 000
碳配额总额	120 000	6 960 000	100 000	5 800 000
二、碳排放				
采购碳排放	40 000	2 320 000	50 000	2 900 000
生产碳排放	30 000	1 740 000	40 000	2 320 000
碳排放小计	70 000	4 060 000	90 000	5 220 000
销售转移碳排放	10 000	580 000	30 000	1 740 000
碳排放转移小计	10 000	580 000	30 000	1 740 000
经营产生碳排放净额	60 000	3 480 000	60 000	3 480 000
三、碳资产净增加额				
期初净碳资产余额	50 000	2 900 000	10 000	580 000
四、期末净碳资产余额	110 000	6 380 000	50 000	2 900 000

　　注：①经营产生碳排放净额＝采购碳排放＋生产碳排放－销售转移碳排放；

　　②期末净碳资产余额＝碳配额总额－经营产生碳排放净额＋期初净碳资产余额；

　　③初始计量单位为吨，指所有温室气体折算出的二氧化碳当量；

　　④货币化的计量单位为元，碳排放的货币化金额＝碳排放数量×单位碳排放的期末公允价值。

知识专栏

碳排放核算表

　　碳排放核算表依据与对应会计科目如下表 5-2 所示。

表 5-2　碳排放核算表

	期初碳排放总量	依据	对应会计科目
加	采购原材料所产生的碳排放	上游供应商单位产品的碳排放	与资产负债表:原材料科目关联;与损益表商品成本关联;需要核定原材料的来源以及碳排放基数
	固定资产设备使用	采购生产设备的碳排放总量按照设备使用折旧分摊排放量	与资产负债表:固定资产、折旧科目关联
加	生产产生的碳排放	生产辅助活动产生的碳排放;这个范围的确定包括员工的碳排放	与损益表支出中各种活动的碳排放关联
减	销售商品转移给消费者的碳排放	根据成本会计,按照原材料比例来分配产品上的碳排放,确定单位产品碳排放水平	与损益表收入科目关联;涉及公司成本会计核算;需要核定公司生产制造流程
	期末碳排放总量	期初＋新增－转移	

知识专栏

企业碳资产、碳负债、所有者碳权益与碳损益

通过将碳信息与会计信息对比整合,蔡经理建立了如下账户(见表 5-3～表 5-6),对当乐食品厂的碳资产、碳负债、所有者碳权益与碳损益进行核算。

表 5-3　碳资产

会计科目	无形资产	固定资产	存货	交易性金融资产	长期摊销费用
初始计量	历史成本	历史成本	历史成本	历史成本	历史成本
后续计量	现值	现值	可变现净值	公允价值	历史成本
披露内容	研发项目、节能减排专利	引进低碳设备价值	低碳包装、环保材料	碳排放权价值	节能减排项目过程费用
明细科目	低碳生产技术	低碳技术设备	低碳产品存货	碳排放权	低碳项目建设费用

表 5-4 碳负债

会计科目	预计负债	应交税费		长期借款
初始计量	过去与未来预期相结合	历史成本	历史成本	历史成本
后续计量	过去与未来预期相结合	历史成本	历史成本	历史成本
披露内容	碳排放特性导致的负债不确定性	碳排放超额罚款	应交而未交的税费	来自银行的长期借款
明细科目	预计碳负债	应交碳罚款	应交碳税费	长期低碳借款

表 5-5 所有者碳权益

会计科目	未分配利润	盈余公积	资本公积	实收资本
初始计量	历史成本	历史成本	历史成本	历史成本
后续计量	历史成本	历史成本	历史成本	历史成本
披露内容	未分配的碳利润	税后的低碳基金	企业自设、环保组织捐助、国家拨付的低碳基金	用于节能减排的资本
明细科目	未分配的碳利润	低碳盈余公积	低碳基金	低碳资本

表 5-6 碳损益

会计要素	碳利润	碳费用		碳收益		
会计科目	本年利润	营业外支出	管理费用	营业外收入		补贴收入
初始计量	历史成本	历史成本	历史成本	历史成本	公允价值	历史成本
后续计量	—	—	—	—	—	—

续表

披露内容	碳收益与碳费用差的净额	碳排放超额罚款	低碳维护、技术摊销、设备折旧、政府碳税	国家税收减免或奖励	碳排放配额出售利得	来自环保组织或政府的补贴
明细科目	碳收支净额	低碳罚款支出	低碳管理费用	其他碳收益	碳排放配额出售利得	碳补贴收入

知识专栏

碳排放核算表与常规财务报表的联系

碳排放核算表中科目的货币化金额，与三大财务报表具有勾稽关系，具体关系如下。

与资产负债表的勾稽关系。碳资产能够随时在碳排放权市场进行交易，属于公司的流动资产，因此在资产负债表中，于"其他流动资产"项目中列示碳资产的期末账面价值（期末碳资产数量×期末碳交易收盘价）。

与利润表的勾稽关系。企业的碳资产在碳排放权市场卖出所得，列示于利润表的"营业外收入"科目，交易产生的费用等计入利润表的"营业外支出"科目。

与现金流量表的勾稽关系。企业的碳资产在碳排放权市场卖出所得的现金，列示于现金流量表中的"投资活动产生的现金流量－取得投资收益收到的现金"科目。

知识点 02：碳信息披露

在财务部和可持续发展部的共同努力下，当乐食品厂初步形成了碳排放核算体系。但食品厂也面临新的问题：如何将这些信息对外展示。可持续发展部的经理小李告诉大家，像当乐食品厂这样产生碳排放的企业，通常用定期报告或者临时报告等形式，真实、全面、及时、充分地把碳排放相关的信息公开披露出来，展示给大众，也就是进行碳信息披露。

"披露碳信息有很多好处，对于咱们食品厂来说，可以针对碳排放更好地进行管理和预测；对于幸福岛政府来说，可以根据各家企业所披露的情况制定合理的政策；对于我们的投资者和广大的幸福岛民众来说，我们的减碳工作做得好，也能树立良好的形象。我们当乐食品厂上次获得'最具社会责任企业'嘉奖之后，员工、消费者反响一片大好，做好碳排放相关工作，也是企业社会责任的重要组成部分！"

"我们有没有可以披露的途径呢？比如在食品厂的官网上发布报告。"王总觉得，这和年报的发布方法有一些相似。

"目前来看，大部分企业是通过企业社会责任报告（CSR）或者环境、社会及治理报告（ESG）来披露碳信息的，同时也有一些机构会发放碳信息披露项目问卷，有些企业也会通过这种方式来披露碳信息。"小李回答道。

"碳信息披露都需要披露哪些内容呢？"

"这是关键问题。现在各个小岛的碳披露工作都处于起步阶段，还没有一个统一的标准，但是碳信息披露有五点根本要求。"

小李解释道："这五点要求，是咱们披露碳信息必须遵循的重要原则。

"一是相关性，也就是食品厂披露的碳信息内容要符合我们的投资者、客户、幸福岛政府等对信息的诉求，提供有用的、相关信息。

"二是完整性，即应当披露的内容都完整地进行披露，不能有缺漏。特别是对于异常情况，如未完成减排目标，要进行说明。

"三是一致性，也就是咱们与其他企业的核算标准以及我们前后会计期间的核算标准要尽量保持一致，这样不仅能满足小岛政府的要求，也便于我们食品厂进行考核和比较。

"四是准确性，我们要采取最为可靠的方法来测算碳排放，并比较不同方法的差异。

"五是透明性，对于披露的内容，要给出充分的支持信息和依据，绝不能随意编造。"

"对于碳信息披露的内容，各个小岛不同研究机构和学者的观点不尽相同。但是通常认为碳信息披露内容应包括企业的碳排放量（直接排放和间接排放）、碳排放强度、配额分配及交易情况、碳金融业务、减排措施和成效、关系到气候变化的潜在风险与机遇等，并且要兼顾相关性、完整性、一致性、准确性和透明性。"蔡经理补充道。

大家若有所思地点了点头，王总也同意按照这些重要原则来披露食品厂的碳信息。当然，王总也明白碳信息披露不是一件轻松的工作。

知识点 03：象征性碳信息披露

这天一早，王总把蔡经理和小李叫到办公室。

"最近快乐岛长颈鹿科技公司的碳信息披露报告被政府驳回了，听说是因为披露避重就轻，报告中通篇都是植树造林、购买碳信用产品之类的碳抵消工作，几乎没有提到碳减排的事情。他们公司的经理都急坏了，要重新做披露报告，咱们可要避免这种情况。"王总说道。快乐岛长颈鹿科技公司碳信息披露报告见图 5-2。

"这就是象征性碳信息披露的不合理之处了"，小李告诉王总，"这种报告看似内容丰富，实则是一种象征性披露，是不合适的。"

"象征性碳信息披露是怎样的披露呢？"

"象征性碳信息披露有'一重'和'一轻'，重的是碳抵消，轻的是碳减排。也就是说，在披露的时候大谈植树造林这样的碳抵消补救措施，却忽略了从源头上减少碳排放，是一种避重就轻的披露，这种行为也叫'洗碳'。如果大家都重视碳抵消、忽视碳减排的话，那我们的地球家园依然要承受大量的碳排放，这样是不能从根源上解决问题的。"

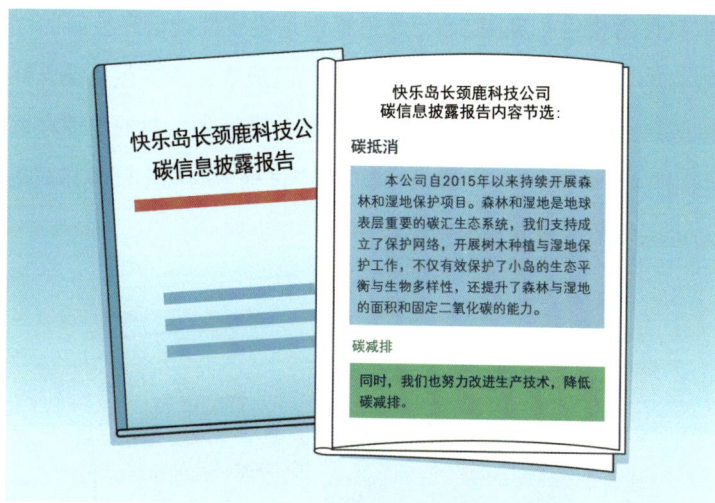

图 5-2 快乐岛长颈鹿科技公司碳信息披露报告

知识点 04：实质性碳信息披露

"与象征性碳信息披露对应的，就是实质性碳信息披露。"小李补充道。

"结合小李之前说的，我想，象征性碳信息披露和实质性碳信息披露，应该是按照企业在信息披露过程中如何发布有关碳减排和碳抵消相关信息来划分的。"王总抢先一步。

"没错，实质性碳信息披露也有'一重'和'一轻'，和象征性碳信息披露刚好相反，重的是碳减排，轻的是碳抵消。在实质性碳信息披露中，强调的是节能、减排、降耗这些实质性减排措施和手段以及成效，也就是通过改进技术和更新设备，把可减排部分最大化、不可减排部分最小化，这也是咱们幸福岛碳中和战略的核心。"

为了更好地说明实质性碳信息披露，小李打开了一份智电能源公司的碳信息披露报告，见图 5-3，这份报告是实质性碳信息披露的优秀代表。报告中详细披露了公司的减排措施以及成效，主要包括设立低碳关键技术等一系列重大科技攻关项目"二氧化碳捕集、驱油与埋存关键技术及应用"，加快核心技术突破，减少生产过程中的温室气体排放等，对碳交易等碳抵消手段的披露则比较简短。

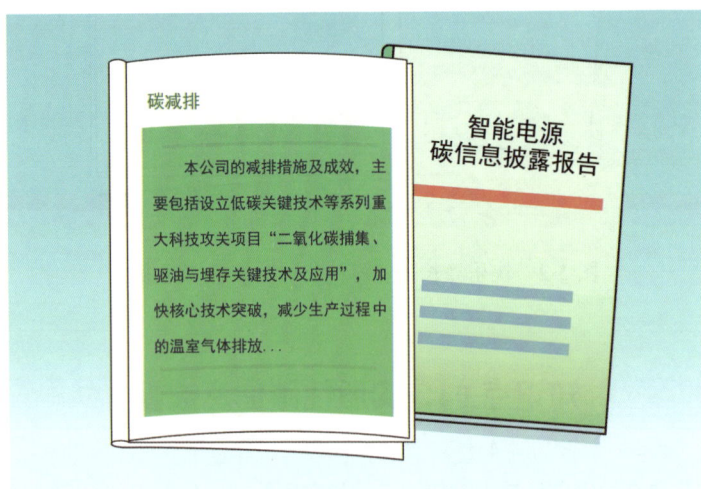

图 5-3　智能电源碳信息披露报告

智电能源公司碳信息披露报告内容节选：

我们坚持新发展理念，持续加大能源结构调整力度，不断优化电源结构，聚焦绿色低碳转型，大力发展清洁能源和可再生能源。本年度，10 个风电项目共计 121.31 万千瓦，实现并网发电，5 个光伏项目共计 23.25 万千瓦，实现并网发电，清洁能源和可再生能源占公司总装机容量的 30.6%。公司完成新能源项目核准 235.65 万千瓦，其中风电项目核准 10 个共计 80.99 万千瓦，光伏项目核准 35 个共计 154.66 万千瓦。

在碳资产交易和履约方面，公司按照碳交易主管部门要求按时完成了年度碳交易履约任务。

"我们当乐食品厂要向智电能源公司学习，真真切切地做好碳减排，远离'洗碳'！"王总看后，不禁感慨。

知识点 05：碳信息披露内容

"虽然当乐食品厂没有做过碳信息披露工作，但我相信，我们能够高质量开展这项工作。"对于碳信息披露，大家可谓志在必得。

"咱们的披露，不仅要展现企业特色，最重要的是达到利益相关者的预期，符合政府标准，经得起大众的审视。"当乐食品厂利益相关者见图 5-4。

图 5-4 当乐食品厂的利益相关者

"说到这个问题，我们的碳信息披露要遵循怎样的标准，又由谁来监督呢？"

"小岛政府最近发布的《幸福岛企业碳信息披露办法》，可以很好地解答这些问题。"小李一边说一边打开了这份文件。

哪些企业需要披露呢？目前幸福岛的披露是通过"自愿+强制"相结合的方式，以环境影响大、公众关注度高的企业为主，特别是强制要求重点排放企业进行碳信息披露。作为小岛的十强企业之一，当乐食品厂虽然不是重点排放企业，但也要主动承担起社会责任，做好碳信息披露。

披露的形式主要有两种：年度报告和临时报告。年度报告是每年末定期披露，临时报告则是企业发生重大碳相关事件时进行的披露，临时报告的时间不是固定的。例如，长颈鹿公司因为虚报碳排放量被处罚，这时就需要发布临时披露报告，告知广大公众。

此外，对于要披露的内容，幸福岛生态环境研究院也给出了建议：各公司可以从六类利益相关者的诉求出发，确定披露的内容。这六类利益相关者分别是股东和投资者、政府、员工、消费者或客户、供应商以及社区，企业碳信息的披露正是为了满足他们的诉求（见表5-7）。

"食品厂的持续经营离不开这些利益相关者的支持，所以我们的披露也要尽量满足他们的诉求。"

"他们的诉求分别是怎样的，我们又要披露什么内容来满足这些诉求呢？"对此，小李一一作出了解释。

表5-7 利益相关者诉求

利益相关者	诉求
股东和投资者	了解企业低碳战略及管理决策，以作出投资与融资决策
政府	了解企业情况，从而更好地制定低碳发展政策、分配企业碳配额
消费者	了解企业的低碳产品与服务
供应商	获得相关信息，进而决定是否要持续合作
员工	了解企业面向员工开展了哪些低碳活动，以及如何在工作中帮助企业实现低碳
社区	了解企业面向社区开展的低碳活动，从而在消费市场或资本市场做出消费、投资决策

股东和投资者的诉求是获得有用的企业碳信息，以作出投资、融资决策，并了解企业的低碳战略及管理决策的依据。为了满足他们的诉求，我们需要披露的指标主要有碳排放风险与机遇、碳减排战略、碳减排管理、碳减排投入、碳排放量、碳排放量审验、碳抵消量、碳减排绩效。

政府的诉求是了解企业的碳减排进展情况，从而更好地制定低碳发展政策、分配企业碳配额。相关的指标包括政府目标落实、碳排放产生信息、碳排放盘查、碳配额与交易、模范带头作用等。

员工的诉求是了解企业面向员工开展了哪些低碳活动，以及如何在工作中帮助企业实现低碳。指标包含招聘与选拔、培训、绩效管理与评估、薪酬与福利、员工参与。

消费者的诉求是了解企业的低碳产品与服务，相关指标包含低碳产品和消费者服务两项。

供应商的诉求是获得相关信息，进而决定是否要与企业持续合作，主要指标有低碳采购等。

社区的诉求是获得能够支持社区在消费市场或者资本市场做出消费、投资决策的信息。因此企业需要披露低碳公益服务、低碳公益捐赠、低碳科技发展信息等。

"如果一份碳信息披露报告能够做好这些方面，就可以称为非常完善的报告了。"王总说道。

知识专栏

《企业环境信息依法披露管理办法》

我国《企业环境信息依法披露管理办法》于 2021 年 11 月 26 日由生态环境部 2021 年第四次部务会议审议通过，自 2022 年 2 月 8 日起施行。

  《企业环境信息依法披露管理办法》明确了环境信息依法披露主体。重点关注环境影响大、公众关注度高的企业，要求重点排污单位、实施强制性清洁生产审核的企业、符合规定情形的上市公司、发债企业等主体依法披露环境信息，同时对制定环境信息依法披露企业名单的程序、企业纳入名单的期限进行了规定。

  《企业环境信息依法披露管理办法》明确了企业环境信息依法披露内容。对于年度环境信息依法披露报告，要求重点排污单位披露八类信息，包括企业基本信息、企业环境管理信息、污染物产生、治理与排放信息、碳排放信息、生态环境应急相关信息、生态环境违法信息、本年度临时环境信息依法披露情况和法律法规规定的其他环境信息。并要求实施强制性清洁生产审核的企业在披露八类信息的基础上，披露实施强制性清洁生产审核的原因、实施情况、评估与验收结果等信息；要求符合规定情形的上市公司、发债企业在披露八类信息的基础上，披露融资所投项目的应对气候变化、生态环境保护等信息。对于生态环境行政许可变更、行政处罚、生态环境损害赔偿等市场关注度高、时效性强的信息，要求企业以临时环境信息依法披露报告形式及时披露。

  《企业环境信息依法披露管理办法》对企业环境信息依法披露系统建设、信息共享和报送、监督检查和社会监督等进行了规定，明确了违规情形及相应罚则，同时将企业环境信息依法披露的情况作为评价企业信用的重要内容。

知识专栏

六类利益相关者对企业碳信息披露的诉求

  股东和投资者的主要诉求是投资与融资决策依据以及企业低碳战略

及管理决策依据。首先，企业需要识别碳排放过程中遇到的风险与机遇，进而根据风险和机遇制定相关的碳减排战略，并进行碳减排管理。当企业从宏观层面制定相关战略和管理之后，就需要进行碳减排投入，进而计算企业各个范围的碳排放量。随后，需要对企业碳排放量进行审验，确定企业碳排放量的真实性。之后，企业需要基于碳排放量和碳配额量进行碳抵消。最后，需要对企业碳减排绩效进行披露。

政府的诉求是制定低碳发展的政策依据以及企业碳配额分配依据。首先，企业需要披露是否响应了政府目标。当企业响应政府政策及目标之后，需要详细披露碳排放产生信息。其次，政府需要了解企业碳排放信息，进而应该披露碳排放盘查的详细流程和数据。同时，政府会基于企业碳排放量对重点行业企业分配相应的额度，涉及企业的碳配额与交易。最后，政府希望企业能够带动其他企业参与碳减排，进而需要披露模范带头作用信息。

员工的诉求是在工作中帮助企业实现低碳的依据。参考绿色人力资源管理，披露指标包含招聘与选拔、培训开发、绩效管理与评估、薪酬与福利、员工参与。

消费者或客户的诉求是在消费市场购买产品的决策依据，通常关注产品与服务，因此披露指标包含低碳产品和消费者服务两项。

供应商的诉求是在供应链上与企业持续合作的决策依据。企业通常会详细披露采购相关的信息，并且鼓励供应商积极参与低碳行为，进而涉及低碳采购与参与。当企业要求供应商参与低碳行为之后，供应商就会关注其是否能够获得低碳激励。

社区的诉求是在消费市场或者资本市场做出消费、投资决策的依据。一般而言，社区的诉求包含精神层面和物质层面，精神层面体现为公益服务；物质层面则强调企业实质性的行为，主要包含低碳公益捐赠、低碳科技发展信息以及释放无关紧要的道德信息。

知识点 06：碳信息披露报告

在各个部门的共同努力下，当乐食品厂本年度的碳信息披露报告终于完成，王总在公司年度发布会上对这份报告隆重做了介绍，如图5-5所示。

图 5-5   当乐食品厂碳信息披露报告

人与自然是生命共同体。人类只有遵循自然规律，才不会在开发利用自然资源上走弯路。关爱生命、保护环境已全面融入公司的发展理念。面对全球能源转型趋势，当乐食品厂不断提升碳排放管控水平，努力创建资源节约型、环境友好型和安全生产型企业。

1. 承诺：力争尽快实现碳达峰与碳中和

当乐食品厂董事长兼总裁王总表示，当乐食品厂将在 2030 年前实现碳达峰，并在 2050 年前实现碳中和，并制定了三个阶段的具体任务。

当乐食品厂承诺于 2030 年前实现碳达峰、2050 年前实现碳中和，这是为幸福岛食品行业实现"双碳"目标作出的创新探索。本年碳盘查结果表明，当乐食品厂生产过程的直接与间接排放（即"范围一"和"范围二"）占碳排放总量的比重不到10%，绝大多数温室气体排放（>90%）来自产业链活动（"范围三"），如图5-6所示。

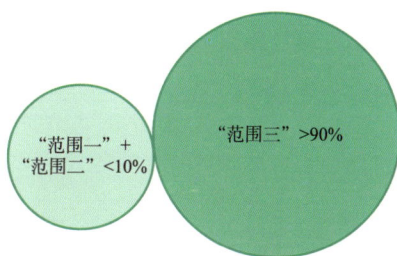

图 5-6　当乐食品厂全链减碳行动生态图

对于当乐食品厂而言，带动全产业链共同迈向碳达峰与碳中和，是一件充满挑战且影响深远的事，如图5-7。我们迎难而上，为实现零碳未来贡献行业领先力量。

图 5-7　当乐带动全产业链迈向碳中和

2. 计划：制定减碳目标与规划

当乐食品厂立足新发展阶段，贯彻新发展理念，将碳达峰、碳中和纳入整体发展布局，制定了未来计划路线图，进一步明确到 2030 年、2040年、2050 年的战略规划，为打赢食品行业零碳发展持久战蓄势赋能，如图 5-9 所示。

图 5-8   全产业链碳中和目标

3. 行动：以行动实现减碳

当乐食品厂致力于发挥行业引领价值，构建全生命周期碳管理模式，在仓储管理、工厂建设、制造、运输及消费过程全程考虑并融入绿色低碳理念，不断探索全链减碳新模式，与产业链上下游伙伴一道践行全方位的减碳行动。

（1）本年度当乐食品厂碳排放情况见表 5-8。

表 5-8 当乐食品厂 2023 年碳排放核算表

项目	本期数量（单位：吨）	本期金额（单位：元）	上期数量（单位：吨）	上期金额（单位：元）
一、碳配额				
免费取得的碳配额	30 000	1 740 000	20 000	1 160 000
购入取得的碳配额	50 000	2 900 000	60 000	3 480 000
其他方式取得的碳配额	40 000	2 320 000	20 000	1 160 000
碳配额总额	120 000	6 960 000	100 000	5 800 000
二、碳排放				
采购碳排放	40 000	2 320 000	50 000	2 900 000
生产碳排放	30 000	1 740 000	40 000	2 320 000
碳排放小计	70 000	4 060 000	90 000	5 220 000
销售转移碳排放	10 000	580 000	30 000	1 740 000
碳排放转移小计	10 000	580 000	30 000	1 740 000
经营产生碳排放净额	60 000	3 480 000	60 000	3 480 000
三、碳资产净增加额				
期初净碳资产余额	50 000	2 900 000	10 000	580 000
四、期末净碳资产余额	110 000	6 380 000	50 000	2 900 000

注：①经营产生碳排放净额 = 采购碳排放 + 生产碳排放 - 销售转移碳排放；

②期末净碳资产余额 = 碳配额总额 - 经营产生碳排放净额 + 期初净碳资产余额；

③初始计量单位为吨，指所有温室气体转化的二氧化碳当量；

④货币化的计量单位为元，碳排放的货币化金额 = 碳排放数量×单位碳排放的期末公允价值。

（2）响应利益相关者诉求情况见表 5-9。

（3）绿色制造

当乐食品厂积极响应碳达峰、碳中和政策，将绿色发展理念融入生产、运营全过程，创新资源节约使用和循环利用技术，全面减少各类废弃物排放，制订光伏发电等计划，提升清洁能源使用率，在各个环节最大限度减少对环境的影响。

表 5-9　响应利益相关者诉求情况

利益相关者	需求目的	具体指标	本年度目标完成情况
股东和投资者	了解企业低碳战略及管理决策，以做出投资与融资决策	碳排放风险与机遇	已完成
		碳减排战略	已完成
		碳减排管理	已完成
		碳减排投入	已完成
		碳排放量	已完成
		碳排放量审验	已完成
		碳抵消量	已完成
		碳减排绩效	已完成
政府	了解企业情况，从而更好地制定低碳发展政策、分配企业碳配额	政府目标	已完成
		碳排放产生信息	已完成
		碳排放盘查	已完成
		碳配额与交易	已完成
		模范带头作用	已完成
员工	了解企业面向员工开展了哪些低碳活动，以及如何在工作中帮助企业实现低碳	招聘与选拔	已完成
		培训开发	已完成
		绩效管理与评估	已完成
		薪酬与福利	已完成
		员工参与	已完成
消费者或客户	了解企业的低碳产品与服务	低碳产品	已完成
		消费者服务	已完成
社区	了解企业面向社区开展的低碳活动，从而在消费市场或者资本市场做出消费、投资决策	低碳公益服务	已完成
		低碳公益捐赠	已完成
		低碳科技发展信息	已完成
		释放无关紧要的信息	已完成
供应商	获得相关信息，进而决定是否要在供应链上与企业持续合作	低碳采购与参与	已完成
		低碳激励	已完成

（4）绿色包装

当乐食品厂遵循重复利用、可回收、轻量化和可降解原则，严格要求产品包装达到可再利用、可再循环、可再回收要求，研发环保包装材料，避免过度包装，持续减少包装用量、降低碳排放，为构筑多彩的地球家园作出贡献。

2021 年，当乐食品厂完成柔柔芝士面包、全麦低卡面包和流心虎皮卷等产品包装轻量化材质升级，共涉及 100 多个类目，累计节约用纸12 950 吨，累计节约塑料 5 780 吨，累计减少 3 万多吨的碳排放，如图 5-9所示。

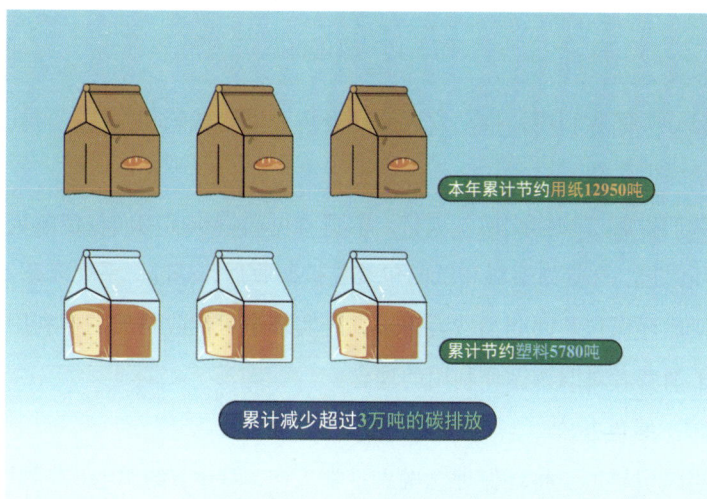

本年累计节约用纸12950吨

累计节约塑料5780吨

累计减少超过3万吨的碳排放

图 5-9 包装轻量化材质升级

（5）绿色物流

当乐食品厂持续提高新能源车辆运输使用占比，降低车辆碳排放。截至 2021 年底，新能源汽车使用占比 41%，碳排放减少 33.1%，如图 5-10所示。

（6）绿色消费

当乐食品厂致力于成为绿色消费的倡导者和引领者，引导消费者开

图 5-10　绿色物流

展包装分类回收利用，推动发展循环经济，倡导减碳轻生活，与社会各界共享绿色生活。

我们发起"物物交换"项目，消费者可凭借积攒的面包包装袋换取当乐环保包。材质为塑料和纸的包装袋被回收后，经过一系列复杂工序，重新变成环保包装回到消费者手中，既实现了可回收材质的再利用，也加深了消费者对旧物循环利用的理念。

（7）绿色办公

当乐引导员工将环保理念融入日常工作，倡导节约用电、节约用水、低碳出行等，开展"低碳月"活动，营造勤俭节约、绿色低碳的文化氛围，让绿色低碳成为每个人的行动自觉。

节约用纸：推广共享打印机，持续推动线上无纸化工作。

节约用电：总部园区在夜间员工数量较少时关闭部分路灯，每月节约用电 3 461.4 千瓦时。

4. 展望：拥抱零碳未来

低碳发展不仅是可持续发展的内在要求，更是生态文明建设的实现路径。作为食品行业的龙头企业，我们深知只有坚持"逐绿而行"，才能更稳健地实现碳减排目标。

百尺竿头更进一步，砥砺前行不忘初心。我们将以高质量发展为主线，与更广泛的利益相关方一道共护碧水蓝天，让绿色管理贯穿全链，让绿色行动发挥效能，共创绿色家园，见图 5-11。

图 5-11　美好绿色家园

思考与练习

1. 有人说，披露碳信息的时候，只要把我们做得好的方面展示给大家就够了，你觉得这种想法是否正确？

2. 与编制传统的会计财务报表相比，编制碳排放核算表不仅是会计人员的工作，还需要其他人员的配合。请你说说当乐食品厂其他部门人员需要为会计人员编制碳排放核算表提供哪些资料和支持。

3. 你认为象征性碳信息披露和虚假的碳信息披露的区别是什么？

4. 目前幸福岛的企业碳信息披露采取的是自愿披露与强制披露结合的方式，以环境影响大、公众关注度高的企业为主，特别是强制要求进入碳市场的重点排放企业。这样的披露要求，与完全自愿披露和完全强制披露相比，有什么优势呢？

5. 假设你是当乐食品厂的投资者，对于企业碳信息披露报告中的内容，请列出哪些部分是你最为关注的，并阐述你这样选择的理由。

6. 绿色消费是降低碳排放的终端环节，也是关键一环。请你为当乐食品厂倡导绿色消费提出一些可行性建议。

精彩动画扫码看

第五集

幸福岛碳信息披露

第六章
低 碳 效 益

幸福岛曾经环境秀美，绿树成荫，天朗气清。蔚蓝的海水里倒映着白云与远山，海鸥低飞掠过海面。许多动物都栖息在这里，快乐地生存与繁衍。

后来，小岛过于重视经济的发展，为了获取更多资源，过度开发，绿地森林面积逐年减少，新建的工厂占据了原先的绿地，企业为了获取更多的经济利益开始破坏环境，小岛水质开始变差，小岛的天空不再像以前一样湛蓝，小岛的空气变得浑浊。幸福岛上居民的幸福感降低了，动物也纷纷逃离小岛。

自从幸福岛政府提出碳达峰碳中和目标后，小岛上的企业开始积极进行碳减排，小岛居民也开始积极践行低碳生活。一些好的变化在不知不觉中发生着。

知识点 01：企业碳中和进程

妈妈看到糖糖平日里学习勤奋刻苦，于是趁着周末带糖糖出门逛街，休闲放松。糖糖看到街边大屏幕上播放的电视节目，画面中主持人正在采访幸福岛智电能源的钱总，询问钱总对于幸福岛碳达峰碳中和的看法。

钱总表示："智电能源争做有社会责任的企业，我们要为幸福岛碳达峰碳中和添砖加瓦。现在，我们发布碳中和愿景图。各位可以期待一下，感谢大家对于我们幸福岛智电能源的关注。"

屏幕上的画面一转，出现了智电能源召开企业新闻发布会的画面。钱总和公司其他几位领导正襟危坐，身后的展板上赫然写着"幸福岛智电能源 2024 年度发布会"。

钱总清了清嗓子，说道："智电能源争做有责任心的企业，我们郑重提出 2025 年实现碳达峰，2050 年实现碳中和！"

图 6-1　幸福岛智电能源新闻发布会

糖糖说："咱们岛上的能源企业都有'双碳'时间表了，爸爸的食品厂是不是也要开始落实低碳行动了？"妈妈点了点头，说道："是啊，爸爸的工厂最近在抓紧推进低碳转型，快要推出'双碳'时间表了。"

知识点 02：低碳品牌

糖糖逛街边走边看："最近很多商品都开始标注碳排放量了。很多企

业也表示自己是低碳品牌。妈妈你看，前面那家服装店门口的展板就有
'回收旧衣物兑换积分，享受折扣购买新品，共筑低碳幸福岛'标识，"
见图 6-2。展板四周还用绿色的字迹写着低碳、环保等字样。旁边的橱窗
里标注着产品的碳排放量。生产一部手机排放 50 千克二氧化碳当量，生
产一条牛仔裤排放 16 千克二氧化碳当量，印刷一本书排放 500 克二氧化
碳当量。

图 6-2　商家推出低碳相关活动

在小岛政府的宣传与鼓励下，许多企业已经迈上碳减排之路，开始
打造自己的低碳品牌，成为行业内的低碳先锋。

幸福岛上很多企业都在践行低碳转型。

小岛上的建筑公司积极响应碳达峰碳中和号召，在原材料方面，选
择高性能、不易腐蚀、抗老化的材料，旨在延长建筑材料的使用寿命；
在设计布局方面，降低生产材料的浪费，减少不合理的返工重置；在施
工方面，制定科学施工程序，维护保养施工工具，降低施工材料损耗，
在施工结束后恢复施工场地生态环境。该企业积极实践低碳转型，是幸

福岛低碳先锋。

小岛上的电力公司也积极推进低碳转型。电力公司作为小岛发展的重要支柱，源源不断地为其他企业生产和居民日常生活提供电力。小岛电力公司以前90%的发电来自火力发电，每年向大气排放大量二氧化碳，在政府低碳发展的号召下，该公司逐步践行低碳转型。从以前的"无火力不发电"，到现在逐步扩展业务，进军新能源领域，在小岛周围的海边布置了风力发电装置，在山坡上安装太阳能发电装置，在江河湖泊中建设水力发电工程，并建立了大型的CCUS设施。该企业改变生产方式，主动转型，是低碳发电先锋。

现在的幸福岛上仍存在着煤碳发电，烟囱里排放出二氧化碳，然而同时也存在着风力发电、水力发电，见图6-3。

图6-3   幸福岛低碳发电

面对碳达峰碳中和目标，企业低碳转型成为必然趋势。企业从自身出发，在研发、生产、销售等各个环节积极开展碳减排行动，在绿色环保的基础上，进一步设立低碳目标，将碳中和与企业的战略规划相结合，将低碳理念汇入企业文化，将低碳意识融入员工行为，加快低碳转型，建立健全低碳生产线，明确产品碳足迹，吸引消费者关注，树立企业低碳形象。

知识点 03：绿色声誉

逛街途中，正巧面前有两家女士服装商铺销售——小熊服装店和小兔服装店，妈妈问道："糖糖想去哪家店铺看看啊？"

糖糖思考了几秒，说道："虽然我喜欢兔子的造型，但是他们家使用的材料不容易被降解，会造成污染，对地球有危害。我决定去小熊服装店逛逛，之前电视广告里提到小熊家的布料用的是环保材料，可以被分解，或者循环利用。而且小熊家可以回收旧衣服兑换积分，领取福利。"

糖糖发出感叹："我也要低碳生活，帮助幸福岛早日实现碳达峰碳中和！"

知识点 04：低碳消费与个人碳账户

低碳可以从我们自身做起。不浪费食物是一种低碳生活方式，乘坐公共交通是一种低碳出行方式，购买环保材料的物品是一种低碳消费。低碳生活其实就在我们身边。

在政府的号召下，幸福岛准备建立个人碳账户。就像糖糖每年把压岁钱存入银行账户一样，以后糖糖日常生活中的碳排放也会被记录在专门的碳账户中，账户会自动统计每个人的碳排放数据。比如说，出门乘坐了交通工具，这一段路途对应了多少碳排放，就会被系统记录；逛街吃饭过程中对应了多少碳排放也会被系统记录；购买的新衣服的生产过程对应了多少碳排放也会被系统记录。到月底、年末的时候，就可以看到自己在一段时间内的碳排放数据。

在小岛力争早日实现碳达峰碳中和的宣传下，居民们逐渐认可了低碳消费理念，树立起低碳消费意识，并开展了低碳消费行动。

糖糖的老师教导学生们要树立绿色发展、节约资源的理念。学生们一直秉持着低碳消费的意识，一起出去聚餐时提倡"光盘行动"，来多少人就点多少菜，大家吃得高高兴兴，聊得开开心心，用餐结束后也不剩饭菜。

糖糖的爸爸准备购买一辆小轿车，方便自己和家人出行，先前看上的那辆车是燃油汽车，现在他转变了想法，考虑入手一辆小型新能源电动汽车，虽然电动汽车充电没有加油那么快，但是他觉得这不太影响日常出行。

糖糖对自己的穿着打扮比较在意，以前他喜欢买很多衣服饰品，事实上，很多衣服一年也穿不了几次，尤其是高中学校规定上学需要穿校服。糖糖发现，之前逛商场时自己觉得漂亮、好看的衣服，当时缠着妈妈买回家，穿过几次之后就不喜欢了，都在衣柜里堆积着，没有"用武之地"。有时候冲动消费购买的衣物，有的是颜色好看，但质量堪忧；有的虽然设计美妙，但清洗几次之后面料变形严重。最近糖糖开始反思自己的不合理购买行为，决定减少不必要的衣物购买。

知识专栏

低 碳 消 费

低碳消费是低碳发展的重要环节，是低碳经济的重要组成部分。低碳消费指消费者从低碳思维出发，选择并购买消费对象的过程。与传统消费方式不同，低碳消费更注重在维护气候目标的同时满足个人需求。低碳消费的行为很多，可以选择温室气体排放较少的商品，可以选择资源和能源消耗较少的商品，可以选择生产加工环节对生态环境不具危害的商品，可以选择有利于可持续发展的商品，还可以选择新能源技术下研发的商品。

知识点 05：绿色信贷

糖糖和妈妈在逛街的时候路过了一家银行，银行的屏幕上写着"为新能源行业提供绿色信贷……"这几天，小岛政府联合小岛银行对企业融资活动提出新的政策要求，小岛银行加大对新能源行业和公共基础设施建设的支持力度，积极推动碳减排项目，鼓励企业开展低碳转型，见图 6-4。

图 6-4　幸福岛银行绿色信贷

在幸福岛银行的滚动屏幕上写着"银行自 2024 年起，为新能源行业提供绿色信贷，具体政策如下：对于重点支持的行业，其贷款利率比普通贷款利率降低 2 个百分点，符合条件的企业贷款利率仅为 5%"。

小岛的发电企业原先采用火力发电，银行对发电企业的贷款额度只有 500 万元，也就是说，发电企业最多只能从银行借到 500 万元，同时需要支付一定的借款费用，也就是所谓的贷款利息，电力企业的贷款利率为 7%。假设发电企业向银行借了 500 万元，则发电企业每年需要向银行支付 35 万元的利息（该企业贷款利息 = 贷款金额 500 万元 × 贷款利率 7% = 35 万元）。

现在发电企业通过技术改造，扩大生产业务，将以火力发电为主的生产方式转变为火力、风电、太阳能等多种能源共存的发电模式。另外，小岛发电企业严格遵守政府规定的污染物处理标准和温室气体排放标准，及时回收并处理污染物。如此，小岛发电企业通过了银行的绿色信贷审核机制，贷款利率由 7% 下降到 5%，也就是说，发电企业每年需要向银行支付 25 万元的利息（该企业绿色贷款利息 = 500 × 5% = 25 万元）就可以了，比原先每年支付金额少了 10 万元。

知识点 06：绿色溢价

"妈妈，既然低碳发展会带来这么多的好处，企业是不是都在积极推进碳减排啊？"

妈妈摇了摇头："那不一定哦，虽然幸福岛企业在积极开展低碳转型，但是企业低碳投入将带来成本的上升。妈妈听说幸福岛航空就面临这样的问题。传统燃油的平均零售价约 5 元/升，而供飞机使用的高级低碳排放燃料价格为 7.5 元/升。幸福岛航空若是开展低碳转型，就需要花费更多的成本才能获得绿色低碳的原料。这二者之间的 2.5 元差额，就是绿色溢价。"

绿色溢价可能为正，也可能为负。若低碳生产方式下的生产成本高于传统高耗能方式下的生产成本，则绿色溢价为正；若低碳生产方式下的生产成本低于传统高耗能方式下的生产成本，则绿色溢价为负。也就是说，企业使用低排放技术带来生产成本高于传统技术的部分称为绿色溢价（green premium）。

事实上，在当前情况下，企业通过技术改造实现低碳生产的成本可能较高，大于传统生产模式下的成本，也就是说，绿色溢价多为正数。这样就会出现一个问题：如何降低绿色溢价，让企业看到低碳生产的优势，自觉自愿地坚定走上低碳转型之路，从而实现碳中和目标。企业实现碳中和的关键就是降低绿色溢价。绿色溢价过高，可能降低企业低碳转型的动力，进一步导致企业减少碳减排投入。

知识点 07：绿色投资效益

智电能源启动了减碳项目招标评审会，会前，钱总召集部门一起讨论投资方案，见图 6-5。

碳达峰碳中和小组负责人小赵提出了自己的看法："从财务的角度，为了能够清楚了解项目投资效益，我们主要采用净现值（NPV）工具来评估。净现值是指未来资金流入现值与未来资金流出现值的差额。采用净现值工具来评估企业投资效益时的决策标准是如果净现值大于零，则表示企业开展项目投资后的长期效益为正；如果净现值小于零，则表示企业长期效益为负。也就是说，如果未来的资金流入大于资金流出，那么这个项目的净现值是大于零的，这个项目就是有收益的，值得咱们去做。

"对于智电能源来讲，想要进行碳减排行动，就需要考虑建设成本与带来的收益。

图 6-5　智电能源公司招标评审会

　　"就成本而言，我们需要一定的专业技术人员和专业设备，通过人力、物力、财力上的投入，最终形成较为完备的碳减排或封存利用技术。

　　"就收益而言，我们实施碳减排项目，不仅可以降低自身的碳排放量，减少对幸福岛的污染，还可以帮助周边企业封存利用二氧化碳，甚至去碳交易市场上出售自身未使用的碳排放额度。

　　"在低碳发展模式下，企业的未来资金流入和流出不仅针对企业生产经营和投融资部分，还需要将低碳的效益纳入考量。企业的长期效益主要包括开展低碳项目投资后公司经营活动的效益和碳减排所带来的碳汇或碳配额交易的效益部分。

绿色投资收益 = 传统项目投资收益 + 碳减排收益

　　"在碳中和背景下，采用绿色投资收益来评估企业投资效益时的决策标准是如果绿色投资收益大于零，则表示企业开展投资后的长期效益为正，该项目可行，值得投资；如果绿色投资收益小于零，则表示企业开展投资后的长期效益为负，该项目不可行，不值得投资。"

经过多轮讨论，智电能源最终确定了自身的减碳项目实施方案。

知识点 08：环境效益

这几天，糖糖有一个烦恼，早上他常常被鸟叫声吵醒，不能睡个好觉。糖糖找妈妈抱怨，妈妈反问道："糖糖有没有觉得好久没有听到小鸟的声音了？"回忆了一下，糖糖点了点头。妈妈说："以前我们对自然不断破坏，影响到了幸福岛的生态系统平衡，动植物大量减少。最近大家开始努力保护环境，还动植物一个家，小鸟们又回来啦！糖糖看窗外，又是蓝天又是白云的，多么漂亮。"糖糖若有所思："那天去公园，我还看到松鼠了！"

近年来，在碳达峰碳中和行动的推动下，小岛上的企业大力开展低碳转型。火力发电厂拓展业务，进军新能源领域，将目光转向了清洁能源。汽车制造企业着手研发新型电动汽车，大力推广电车的使用。餐饮企业使用可降解一次性餐具。在政策的指引下，很多企业开始履行并披露碳信息，包括植树造林、植被恢复、污染物处理、合规生产等。经过几年的低碳发展，小岛上的异常气候变少了，森林植被逐渐变多了，大气

图 6-6 幸福岛碳减排前后大对比

污染得到了缓和。居民们感觉周围的环境好起来了，生活舒适度提高了。

知识专栏

环 境 效 益

环境效益是指人类社会活动给环境带来的后果。通常环境效益很难直接用货币计量，但是在环境保护措施实施后，环境的改善将带来一定的效益。

幸福岛上两年前与现在对比也是环境改善明显，居民幸福感大幅提升。

知识点 09：社会效益

幸福岛的低碳转型带来了一系列的社会效益。现在人们会相互提醒垃圾分类，减少铺张浪费，主张低碳生活。低碳交通的发展让居民优先选择公共通行方式。在学校的教育影响下，小朋友们也爱护花草，努力营造绿色生活环境。幸福岛居民脸上洋溢着幸福的笑容，吸引着其他岛屿的居民前来工作和生活，整个社会一片祥和，见图6-7。

图 6-7　幸福岛上居民喜气洋洋

思考与练习

1. 如果你是一家企业的经理，你想打造低碳品牌，你会怎么做？

2. 已知某企业属于新能源行业，该企业向银行申请了 1000 万元的贷款额度，银行的基本贷款利率为 8%。根据该企业的申请，银行判断其可以取得绿色信贷资质，而通过绿色信贷的贷款利率为 6%，请计算该企业每年实际需要向银行缴纳多少贷款利息。

3. 假设你是幸福岛智电能源的钱总，按照原先的生产技术，企业的生产成本是 100 万元，如果改进生产线、引入低碳技术，预期按照新的生产技术企业的生产成本将变为 120 万元。你会不会改进生产线，实施低碳转型？此时，低碳溢价是多少？

4. 假设你是幸福岛的一名居民，在小岛政府和企业的带动下，幸福岛的环境和生活质量越来越好，请简单描述一下改善后的生活环境。

5. 为了减少碳排放，你觉得自己在日常生活中可以做什么？

精彩动画扫码看

第六集
幸福岛碳减排效益